クルマの未来で日本はどう戦うのか？

島下泰久

星海社

295

SEIKAISHA SHINSHO

はじめに

　日本の自動車産業は、日本のクルマは、本当に世界から遅れてしまっているのだろうか？

世に言うＢＥＶシフトとは一体どういう事態で、その中で日本は今、どの位置に居るのか。

つまるところ、この本でこれから記していくのはそういう話である。

　内燃エンジン車からバッテリー電気自動車＝ＢＥＶへの転換を意味するＢＥＶシフトという言葉がメディアを賑わす中、大手メディア、特に経済紙系のそれは、これからＢＥＶが世界の主流になるにもかかわらず、各社ＢＥＶの商品ラインナップが増えず、市場も小さいままの日本は、その流れに取り残されると主張し続けてきた。得意の内燃エンジン車、ハイブリッド車に固執して目先の利益に走っているという論調すら見かけられたほどだ。

　メディアだけに限った話ではない。環境団体だったり、あるいは機関投資家などによって、日本の自動車メーカーに対して、ハイブリッドをはじめとする燃費低減技術を武器に、これまで着実にCO_2排出量を削減してきたにもかかわらず、ＢＥＶに後ろ向き、イコール環境意識が低いというレッテルが貼られるという事態も、私たちは目の当たりにしてきた。

それは間違いである。日本自動車工業会の資料「主要国・地域での電動車（ＥＶ／ＨＥＶ／ＰＨＥＶ／ＦＣＶ）販売比率、および過去20年間における自動車のCO_2削減状況」によれば、２００１年から２０１９年までの間に、各国の自動車保有全体からのCO_2排出量はアメリカが９％増、ドイツとオランダが３％増という具合に多くの国が増加あるいは微減にとどまる中、日本は何と23％減を実現していたのだ。

そうした、日本はＢＥＶシフトに出遅れているという雰囲気の醸成を決定的にしたのが２０２３年４月に開催された上海モーターショーである。コロナ禍明け最初の、中国でのメジャー級モーターショーということもあり、世界が注目したこのショーの規模の大きさ、会場の設えの壮大さ、そして何より地元中国の自動車メーカーが見せつけた、何台もの先進的、先鋭的、未来的……どんな言葉を尽くしても表現しきれないほどのきらびやかなＢＥＶたちは、日本の、あるいは世界の既存の自動車メーカーは本当にこのままで大丈夫なのかという思いを、間違いなく来場したすべてのメディアに抱かせたのだ。

現地に赴いていた私自身も、そうして打ちのめされたうちのひとりである。但し、それは日本はＢＥＶシフトに出遅れていると、一言でまとめられるような単純な話ではない。

率直に言ってしまえば、多くのメディアで展開されているBEVシフトという概念は、ふたつの要素が混ざってしまっている。ひとつはパワートレインの内燃エンジンから電気モーター+バッテリーへのシフトであり、もうひとつが、電動化を起点としたクルマ自体のあり方のシフトである。私が上海で衝撃を受けたのは、とりわけ後者。いわゆる商品力の部分に於ける中国の自動車メーカーの跳躍ぶりだった。

前者のパワートレインのシフトについては、先に挙げたような大手メディアの論調には賛同できずにいたし、それは今に至るまで変わらない。いや、ますます確信を深めているところだ。何が、どこがということに関しては追々記していくことにするが、但しそれは商品力という要素と、完全に別の話というわけではないことも事実である。

簡単に使われているけれど、実は多くの意味を含んでいるBEVシフトという言葉、現象。その意味を解きほぐしていくことで、日本の自動車業界の、日本のクルマの現在地を明らかにしていく。そして未来への針路を明らかにする。ほぼ1年近い取材の積み重ねにより紡ぎ出した、このテキストの狙いはそこにある。

果たして日本の自動車業界は中国に駆逐されてしまうのか？　欧州メーカーの動きは？〝クルマ2・0〟の時代に向けた日本の切り札は？　じっくり解き明かしていきたい。

目次

第2章 世界のバッテリー電気自動車（BEV）市場の動向　39

第3章　日本市場の反応、BEVとの向き合い方　69

第4章 初めてのJAPAN MOBILITY SHOW 93

第5章 CES取材で見えてきたもの 123

第6章　世界の、日本の、クルマの未来を考える　169

第1章 上海モーターショーの衝撃

もう日本は中国には敵わないのか？

２０２３年4月18日、第20回 上海国際汽車工業展覧会、通称上海モーターショーの開幕初日にその会場である上海市国家会展中心に居た私は、とても大きな衝撃を受けて、半ば呆然と立ち尽くしていた。「中国にはもう敵わないかもしれない」というのが、その時に抱いた偽らざる本音である。

もちろん、中国の自動車産業の勢いを知らなかったわけではない。過去に何度も上海、そして隔年で持ち回り開催される北京でモーターショー取材を行なっていたし、現地から発信されるニュースには常に耳を傾けてきたつもりだったが、コロナ禍もあり久々の現地入りとなったこの年、まさにその世界が停滞していたと思われていた間にも、超高速で進化を続けてきた彼の地の自動車に対する熱量の大きさまでは、読みきれていなかったと言うしかないだろう。

それは単に、中国の国内自動車メーカーが力をつけてきたというだけの話にはとどまらない。中国では新エネルギー車（ＮＥＶ）と呼ばれるプラグインハイブリッド車（ＰＨＥＶ）とバッテリー電気自動車（ＢＥＶ）、燃料電池自動車（ＦＣＥＶ）のうちＰＨＥＶとＢＥＶの販売が急伸している。２０２２年の乗用車新車販売は約２３５６万台。そのうちＮＥＶ

は約689万台と、ほぼ3割に迫るところまで来ているのは確かである。しかしながら、大手メディアで紋切り型に言われるように、だから中国は電動化シフトに意欲的であり、それに対してBEVの販売が伸びてこない日本は遅れているのだという単純な話では、実はないのだ。

では、中国にはもはや敵わないかもしれないとその時に思わせたのは、一体どんな要因だったのか。いくつか挙げていくことにしよう。

十数年でもっともホットな自動車市場となった中国

まず第一には、会場の規模の大きさである。会場となった上海市国家会展中心は13の屋内展示ホールが使用され、総展示面積は約36万㎡。東京ドームが約4万7000㎡だから、ざっとその8倍という凄まじい面積となる。プレスデーの2日間で隅から隅まで歩いて、じっくりと取材して回るにはもはや限界と言っていい広さだ。

出展企業は1000社を超え、展示台数は1413台に上ったとされる。ちなみにジャパンモビリティーショー2023は、展示面積約11万5000㎡で、自動車以外の業種も含む475の企業・団体が参加した。展示台数については、モビリティと銘打っただけに船舶も飛行機もあったからか正確な数は明らかとされていない。上海の約91万人を凌ぐ約110万人の入場者を記録したことも含めて、世界的に退潮傾向が著しい自動車ショーの中では、これも相当健闘したと言っていいはずだが、面積や台数といった部分では上海モーターショー、比較にならないほどの規模だったということも間違いはないだろう。

あるいは規模の大きさだけならば、ある程度は想像できるところだったかもしれない。しかしながらそれだけではなく上海モーターショーは、それぞれのブースがとても華やかだった。いずれも広大な面積を使い、大掛かりな可動式のステージやデジタルサイネージなど仕掛けや舞台装置もいちいち凝っていて、素通りできずに思わず目を奪われてしまう。そんなブースがいくつもいくつも続いていたのである。

たった十数年前には、中国のモーターショーは決してこのような洗練されたものではなかった。当時の報道を思い出してみれば、中国メーカーによる展示は既存ブランドのコピー、パクリのようなクルマがずらりと並んでいるのが当たり前だったし、おかしなぬいぐるみが練り歩くような仕掛けも、世界のメディアがお笑いのネタにするようなレベルだったというのが正直なところだ。

しかしながら今や、そのセンスも設(しつら)えもレベルは非常に高かった。まるで80年代の欧米や日本のモーターショーが、そのまま進化してきたらこうなっていたのではないかと思わせたのである。

その大規模なブースに展示されていたのは、ストレートにクルマ、クルマ、クルマ。いずれのメーカー、ブランドも多数のニューモデルをずらりと並べていた。前述の通り、展示台数は１４１３台。そのうち５１３台を占めたのがＮＥＶで、ワールドプレミアすなわち世界初披露となったモデルは93台に達した。

中国市場に強いドイツメーカーの出展を見ると、たとえばポルシェはガソリンエンジン車もしくはハイブリッド車をラインナップするスポーツＳＵＶであるカイエンの大幅進化版を、ここで世界初公開した。また、メルセデス・ベンツはＢＥＶのＳＵＶの最上級版で、車両価格は日本ではおそらく３０００万円級となるだろうメルセデス・マイバッハＥＱＳ６８０ ＳＵＶのワールドプレミアの舞台を、この地に選んだ。これらラグジュアリーカーブランドにとって、中国は言うまでもなくもっともホットな市場のひとつである。またＭＩＮＩはＭＩＮＩコンバーチブルのＢＥＶ版を、やはりここで世界で初めてお披露目するなど、主役はやはり電動化モデルたちであった。

中国ブランド車のワクワクさせる見せ方

しかしながら今回、とりわけ注目を集めたのは、中国国内ブランド車である。ＮＥＶは186台、ワールドプレミアは65台が中国メーカーの手に依るものだったのだ。

中国政府は、2025年までに新車販売に於けるＮＥＶの割合を20％以上に引き上げることを目標として掲げているが、2022年の時点でもその販売比率は29％にまで達している。2030年には40％以上、2035年には50％以上という目標も、前倒しでクリアしてくるのは間違いない。

そうした勢いが、上海モーターショーの展示にはダイレクトに反映されていたわけだが、特にこの中国メーカーのＮＥＶについてインパクトが大きかったのは、ほとんどが将来登場するモデルや技術などを暗示させるワンオフのいわゆるコンセプトカーのようなものではなく、実際に販売されるモデルが用意されていたことだ。

コンセプトカーは多くの場合、それ1台しかないからステージ中央のひな壇に置かれていて、取材陣はそれを周囲から撮影したり眺めたりするくらいしかできない。しかし中国メーカーの展示は量産車だけに、大抵何台も同じ車種が並べられていたから、来場者はそれぞれ見るだけでなく自由に触れて、乗り込んでみることもできた。

実際、この見せ方、ブースの盛り上げ方についても、非常によく練られていたと言うべきだろう。広大な面積を埋め尽くさんばかりに新型車が並んでいれば、メディアが殺到する。その人混みが人混みを呼んで、更に多くの人が押し寄せるのだが、車両は数多く並んでいるから撮影、取材に長い列を強いられたりすることはない。実際、私も空いたクルマを見つけて撮影し、または車内に滑り込んで、あちこち触れてみてというのを繰り返したが、車両が1台しかなく触れるにせよ撮影するにせよ長蛇の列になるより、よほど効率的だと感じた。

また、取材者にはいわゆるライバーも多かった。クルマの前に立ち、あるいは室内に乗り込み、そこから動画サイトを使ってライブ中継をするのである。これもまたブースの盛り上がりに拍車をかける一要因だったのは、否定できないところである。

未来的かつ完成度の高いクルマの数々

そして、おそらくはもっとも衝撃的だったに違いないのが、そこに並べられていたNEVを中心とする中国メーカーのクルマたちが、どれも実に未来的で、しかも完成度の高いものとなっていたことだ。

私自身、会場を歩いていてまず仰け反ったのがGAC Aion Hyper GT（アイオン ハイパーGT）というモデルだった。GACとは多くのメーカーが競う中国の自動車メーカーの中でも1980年代から続く老舗と言っていい広州汽車のことで、Aionはそのラインナップの中でもNEVだけで構成されるブランド。2022年には年間販売20万台を突破して、実はBYD、テスラ、BMWに次ぐ世界第4位のBEVメーカーとなっているのである。

その新作ハイパーGTは、カテゴリー分けするならば、例えばテスラ モデルSやモデル3のような4ドアセダンということになるのだが、デザインはまるでスーパースポーツカーのように過激で、車高が低く鋭いノーズを持つ。このデザインのおかげで、空気抵抗を表すCd値は0・19と現在市販されているクルマの中ではもっとも優れた数値を獲得している。

そして何とフロントドアは通常のヒンジ式ではなく大きく上方に開く、ディヘドラルドアなどと呼ばれるものだ。乗り込む際にはドアが複雑な軌跡で手前にせり出しながら開いて、それを見ているだけでも圧倒されてしまう。どれだけの必要性があるのかはさておき、ではあるけれど。

室内に乗り込むと、いわゆるメーター類、インフォテインメントシステムは大画面の中に集約されている。これだけなら今や世界的なトレンドであり珍しいわけではないが、ここで感心させられたのはタッチスクリーンを用いた操作系の直感的な使いやすさだった。表示は中国語のまま試しにアレコレ試してみると、思った通りの機能を簡単に呼び出すことができたのだ。ドイツ車でも日本車でも、ここまで高いレベルのユーザビリティを実現できている例はそうないはずである。

中国国内で高いシェアを誇るだけでなく、ボルボ、ロータスなど元々はヨーロッパの自動車メーカーを所有し、メルセデス・ベンツの大株主としても知られる吉利（ジーリー）が登場させた初のBEV、ZEEKR 001は、最大140kWhという超大容量のバッテリーを搭載し、航続距離1000㎞以上を実現したと謳う。決して容量が大きければ優れていると言うつもりはないが、中国でも変わらないBEVの航続距離への不安や不満を大胆に解消しようというものであることは確かだろう。

しかもデザインが非常に垢抜けている。実はZEEKRのチーフデザイナーは元アウディのステファン・ジーラフ氏が務める。中国の自動車メーカーには、デザイナーだけでなくエンジニアも、実に多くのドイツメーカー出身者が働いている。

中国と日本の、残酷なほどの対比

特に目を奪った2モデルを紹介したが、これらを含む多くのモデルで言えたのが、まずは宇宙船か何かのような先鋭的なデザインをはじめ、常識に囚われることなく、まるで子どもに描かせたクルマの絵のように大胆な発想が、あふれんばかりのエネルギーを発散していたことである。思い浮かんだこと、やりたいことは取り敢えず全部盛り込んでみる。そんな勢いがほとばしっていたのである。

しかも、かつてと決定的に異なっていたのが、その完成度がきわめて高いということだ。デザインや仕立てに破綻はなく、インフォテインメントシステムは直感的な使いやすさを実現している。ハリボテ感もオモチャっぽさも、もはや皆無。さすがに走って試すことはできていないが、静的なクオリティにはもはや非の打ち所がなかったのだ。

正直に言うと、取材していて久しぶりに心が浮き立った。次のクルマは一体どんなデザインなのか、どんな斬新なアイディアを具現化しているのかと、ブースをめぐるのが楽しみで仕方がない……そんなモーターショー取材、一体いつ以来のことだっただろう？　おそらくはこの感覚こそが、「中国にはもう敵わないかもしれない」という思いを多くの取材者に抱かせた、一番の要因だったのではないかと思う。

更に言うならば、対する我らが日本メーカーの出展の元気のなさが、中国メーカーの勢いをより一層際立たせ、そして悲観的な気持ちにさせたということも、残念ながら事実である。対比するかたちで見えてしまっただけに、陰影の深さは残酷なほどに明らかだった。

もちろん、いずれのメーカーもNEV市場の拡大に対応した新しいBEVのコンセプトカーを発表してはいた。しかしながら、総じてそれらは既存モデルに較べれば多少はデザインに新味があったりはしていたものの、例えばコンセプトの面で、インフォテインメントの面で、使い勝手の面で、何か新しい提案ができていたかと言えば、それこそ中国メーカーの多くのBEVを見てきた後では、残念ながら引っ掛かるものはなかったと言うしかない。

しかも、あちらはすでに量産が始まるようなクルマだったのに対して、こちらは来年か再来年かに発売しようかというモデルのコンセプトなのだ。今すぐ発売したとしても新鮮味は薄そうだというのに、売るのは更に先の話とは……。

追い打ちをかけたのが、これら日本メーカーがお披露目したコンセプトカーが、いずれもモックアップかそれに準じたものだったということだ。要するにデザインは示されたが、インテリアなどはできておらず、もちろん実際に走行することもできない1分の1の模型である。

いずれのブースもスタイリッシュに施工されてはいたが、展示はこうしたモックアップが数台、ステージ上に鎮座しているだけ。取材しようにもそもそも中身はまだこれからのものだし、撮影もしにくい。インテリアもないからそもそも撮影するべきポイントも少ないというわけで、一体何が起こったかと言えば、大々的な発表が行なわれたプレスカンファレンスが終わってしばらくすると、ブースがすぐに閑散としてしまったメーカーもあったほどだったのだ。

クルマ自体が魅力に乏しく、取材もしやすいとは言えず、盛り上がりに欠くブースの光景が、日本メーカー悲観論を加速させたのは間違いないだろう。あるいは、実際以上にそう思わせたのではと考えると、モーターショーという舞台をどのように活用していくのかというマーケティングの観点でも完全に負けていたと言うしかなさそうである。

案の定、上海モーターショーを取材した自動車専門誌、出版社、通信社、新聞などの論調は「日本はBEVシフトで中国に完全に後れを取った」というもので占められた。しかしながら私としては、今回の〝上海ショック〟は、中国はBEVで先に進んでいて日本は遅れているという、動力源にフィーチャーした話ではないと考える。率直に言って、問題はもっと根深い。

部品点数が多く加工も組み立ても大変な内燃エンジン車に較べて、BEVは参入障壁が圧倒的に低いことは確かだし、そこに目をつけて国際商品へと押し上げることを目指した政府のBEVへの強力な後押しも、もちろん大きな要因であることは間違いない。しかし思うのだ。じゃあ今回の上海モーターショーが、もし内燃エンジン車やハイブリッド車のショーだったとしたら、差は小さかっただろうか？　と。おそらく、そんなことはなかっただろう。やはり中国メーカーの勢いに圧されたことは、変わらなかったはずである。

では一体、何が起きていたのか。それは単なるBEVシフトではなく、動力源も含んだクルマに対する価値観の急激な進化とでも言うべきものではないだろうか。

新しい価値観のクルマを作れるのか？

トヨタは2026年には全世界で150万台のBEVを販売すると宣言している。世界販売台数1000万台を優に超えるトヨタにとっては、その15％に過ぎないとも言えるが、一方で2022年のBEVに限った世界販売台数は、たったの7万台というのが現状である。それを4年で20倍以上に増やそうというのだから、これは相当な覚悟であることは間違いない。

実際、それだけの数をどこで作るのか、バッテリーの供給に問題はないのかなど、まだ見えてきていない部分は大きい。しかしながら、そこはトヨタである。BEVを作って売るということだけで言えば、彼らに「できない」という言葉はないはずだとも言える。

しかし、それをユーザーに選んで買ってもらうというのは、また別の話である。まず、すでに世界の、そして中国のBEVのハードウェアのレベルは非常に高い。上海モーターショーの際、移動のために乗る機会のあった中国製BEVミニバンのローウェiMAX8 EVは、見た目はアルファードの縦横比を微妙に違えたような特に個性のないものだったが、走りは非常に快適だった。その時点ではまだトヨタは新型アルファード／ヴェルファイアを出していなかったこともあり、正直言って走りの質は本家よりこちらの方が上ではないかと感じられたほどである。

内燃エンジンと較べて静かで滑らかで力強い電気モーターを使えば、歴史の浅いローウエでも、こういうクルマを生み出すことがすでに可能なのだ。これに太刀打ちできるというレベルにとどまらず、圧倒的に凌駕する実力や価値を持つBEVを生み出すのは、生易しいことではないだろう。

そして更に、新しい価値観の提供も課題となる。上海ショックをもたらした中国メーカー製の最新鋭BEVたちは、デザインやインフォテインメントシステムなどの部分で、大いにアピールした。あるいはテスラだって、世界中で支持されたのは単にBEVだからではないだろう。運転支援装備、インフォテインメントシステムに於ける従来の常識を打ち破る新機軸の採用、OTA（オーバー・ジ・エア）による車両アップデートの提供。そして忘れてはいけない、イーロン・マスクという破天荒な〝PRパーソン〟の存在などが相まって、多くのユーザーに「乗ってみたい」と思わせたのだ。

その意味では〝電気モーターで走るクルマ〟かどうかが問われているわけではない、と言っても過言ではないかもしれない。そうした魅力が備わらないクルマでは、150万台など到底、達成できないのではないだろうか。

日本メーカーはユーザーをどれだけ見ているのか

ちなみに私自身は、こう書いてはいるが決してBEV絶対主義ではない。懐疑的だとまで言うつもりもないが、少なくとも2035年までにすべての内燃エンジン車を撤廃して、すべてBEVに置き換えるべきだなどとは、まったく思っていないのは事実である。それこそバッテリー供給ひとつ取っても実現は相当に難しいはずであり、価格だって内燃エンジン車のレベルまで安くなってはいない。何よりインフラの整備をはじめとするユーザーにとっての利便性がまったく追いついてきていないことを考えれば、将来的にはBEVやFCEVに向かうにしても、もっと現実的なスピードで、じっくり進めていくべきだと考えている。

まさにCO_2排出量削減、カーボンニュートラルはマルチパスウェイ（もっともエネルギー効率が高くなるよう、全方位で技術の可能性を模索し、複数の経路でカーボンフリー社会を目指すという考え方）で推進するべきだと、ずっと主張し続けているのがトヨタだ。トヨタがよく使う計算式として、同じ量のバッテリーがあるとして、それを1台の100％CO_2排出量を削減できるBEVに搭載するよりも、複数台のPHEVやハイブリッド車に使った方が車両価格が安く抑えられ、多くの人が手にすることができ、トータルでのCO_2排出量を減らすことに繋がるというものがある。実際、ＢＥＶの販売台数は前述の通り多くないトヨタだが、代わりにＰＨＥＶとハイブリッド車の販売台数は他の追随を許さないレベルに達している。そしてトータルでのCO_2排出量を、どこよりも低減することに成功しているという現実がある。

よって、日本などではマルチパスウェイを謳う今の路線を１００％支持するのだが、一方でそれは世界に本当に通じているのかということは問わなければならない。端的に言えば、様々なパワートレインの選択肢がある一方で、ＢＥＶがほしい、ＢＥＶでなくてはならないというニーズには、応えることができていなかったことは間違いないからだ。

たとえば中国でのＢＥＶの普及の速さには、これまでは手厚い補助金があったし、実はそれだけでなく、車両を購入して登録するには絶対に必要なナンバープレートの交付までの期間が圧倒的に短いなど、ユーザーにとっては単にメリットというだけではなく、ＢＥＶでなければならない理由が存在する。トヨタだけの話ではない。日本の自動車メーカーが、そうした環境をどこまで認識できていたのかと考えると、あやしいところだろう。あるいは中国のユーザーにとっては「マルチパスウェイと言うけれど、自分のための道はとても細い、もしくはないじゃないか」と感じられていたのではないだろうか。

ロンドンやパリなどからすでに公言されているように、今後ヨーロッパの都市で内燃エンジン車が禁止されるようになるなら、やはりBEVでなければならないというユーザーが増えてくることになる。そうした状況への対応は、カーボンニュートラルをいかに実現するのかという話とは、まったく異なる軸で論じられなければならないだろう。

要するに対立軸は、BEVか否かではないし、CO_2排出量でもない。結局、ユーザーをどれだけ見ているのかが浮き彫りになったということなのだ。

「中国市場は特別」なんて言ってはいられない

上海モーターショーの会場で、あるいは帰国後の様々な機会で話ができた日本の自動車メーカーの役員や、開発部門のトップ級の方々の多くから耳にすることとなったのが「中国市場は特別だから」という言葉だった。これまでのグローバル統一規格ではもはや戦えないと、中国市場向けに主にインフォテインメント関係の専用開発の部署を置く、あるいは中国国内の開発部門により多くの権限を移譲するといった話も、いくつかのメーカーから出てきた。何とかしないといけないという認識は、少なくとも持ったというわけだ。

中国市場は確かに特別ではあるだろう。ほとんどの自動車メーカーはまだ歴史が浅く、ユーザーだって自由にクルマを手にできるようになったのは、そんなに昔の話ではない。これほど若く、規模が大きく、しかも国内メーカーが力を付けてきている市場というのは、他にはないだけに、自ずと他の国や地域、マーケットとは違ったかたちでクルマのあり方が追求されてきたのは事実である。

その結果としてディヘドラルドアが採用されたり、室内に大画面のタッチスクリーン、音声入力機能を備えたインフォテインメントシステムが搭載されたりしたのは、クルマを快適な移動のためのツールとして捉え、まるでガジェットのような感覚で新しい要素の搭載を求める中国のユーザーの意向を踏まえたものであることは間違いない。

今にして思えば、それが世界の事情とあまりにかけ離れた突飛な方向への進化だったならば、上海ショックのようなことにはならなかったのではないだろうか。ディヘドラルドアはともかくとして、大画面を駆使して直感的な使いやすさを実現したインフォテインメントシステムなどは、電動化、そして知能化に向かう自動車全体が、今まさに目指している方向に重なるものであり、しかもその最先端に居る。誰もがそう感じたからこそ衝撃が、あるいは畏怖が殊更大きかったのだ。

少なくともこうした分野に於いて、あるいはクルマ観とでも言うべきものについて、中国市場が世界に先んじたところに居ることは間違いない。つまり、それは今、この市場で起きていることが、今後世界に飛び火してくる、波及してくることは十分に考えられるということに他ならない。きっと「中国市場は特別」なんて言ってはいられなくなる、と私は震えた。

実は、中国市場での日本メーカーの乗用車新車販売に於けるシェアは、ここに来て大きく落ち込んでいる。2022年、トヨタの販売台数は約194万台で、わずか0・2%減ではあったが、しかし10年ぶりの前年割れとなった。ホンダは約137万台で12・1%減、日産は約105万台で24・3%減に達する。

2023年もその傾向が続く。年間販売台数はトヨタが約191万台で前年比1・7%減、ホンダは約123万台で10・1%減、日産は約79万台で16・1%も減らしている。スバルば29・7%減で、台数はわずか8千台弱。そして恐れていた通り、三菱は10月に中国市場からの撤退を宣言することとなってしまった。

その背景には自国メーカー優遇の政策、税制などもあるのだろうが、一番の問題はやはり商品力と見るべきだろう。どんなに不利でも魅力的なクルマならば、誰もが欲しがるのではないだろうか。

但し、これだけ減らしているということは、必ずしもＮＥＶのラインナップの不足だけが不振の要因とは言えないということも、冷静に見ておく必要がある。同時にドイツ勢なども販売状況を悪化させているというのも事実だ。自国メーカーが力をつけてきている中で、敢えて海外メーカー車を買わなくてもいいと考える人が増えてきている。自国製品への自信、愛情。これらも無視することはできないだろう。

現場からのSOSは届いていたか

そうした中国国民の心境の変化も含めてという話になるが、不思議なのは今や世界第1位の市場に訪れたこれほどまでの大きな変化に、どのメーカーもなぜこうまで対応できなかったのかということだ。多額の補助金の交付や、ナンバー交付に於いて優先的に扱われるといった事例などから、政府がＮＥＶを強力に後押ししていることは明確だった。また、テスラが販売を大きく伸ばしてきていたこと、そしてそれを上回る勢いを見せるＢＹＤの存在だって、今に始まった話ではなかったはずである。

現地で話を聞いたあるメーカーの幹部は「コロナ禍で人流が途絶える中で、現場の空気を認識しきれなかった」と話していた。実際、そういう部分がなかったわけではないだろう。それは私だって、人のことをどうこう言える立場にはない。

　但し自動車メーカーの場合は、現地に数多くのスタッフが居るということを無視するわけにはいかない。彼らも何も気づかず、蓋を開けてみて驚いたのだということは、さすがにないだろう。

　取材した限りでは、実際のところ現地の販売の最前線から本社に対しては、猛烈なSOSが発信されていたとも聞く。戦うための鉄砲がない、弾がないという悲痛な叫びは発せられていたのに、適切な反応が返ってくることはなく、このままでは討ち死にするしかない。そんな思いを抱いていた人たちが居たというのだ。

　地域経営とはよく言われることだが、言葉だけでなく本当にそれが実践されていたのかは省みる必要があるだろう。現場の空気を認識しきれなかったというのは、つまりこうした声が途中でかき消されてしまう組織的な問題があったのではないかと、疑ってみる必要もある。どこかひとつのメーカーの話ではなく、すべてのメーカーについての話だ。

　上海モーターショーの会場にはトヨタやホンダは副社長が、他メーカーも幹部級が多数、視察に訪れていた。聞くところによれば、彼らは一様に相当な危機感を持って帰国したという。現地の状況が〝どこか遠くの地で起こっているらしいこと〟ではなくなったならば、それは幸いと言うべきだろう。

新しいクルマ観の構築が急務

但し、ここからキャッチアップしていくのは当然、容易なことではない。何しろ問題は技術ではないのだ。そこで負けているわけではなく、むしろスピード感、アイディア、チャレンジ精神のような部分で、中国勢は圧倒してきたのである。今回、自信を確固たるものにしたに違いない彼らに、追いついていかなければならないのだ。

それができない時には、一時的にか恒久的にかはさておき、中国戦略の見直しが求められてくる可能性は否定できないというのが、現地で様々な関係者と話す中で出てきた、ワーストストーリーである。大型高級車から小型車まで、内燃エンジン車からハイブリッド車、更にNEVまでというフルラインナップ戦略は、果たしていつまで続けられるだろうか。

実は現地メディアとのセッションの中で、トヨタに対して「このままでは数年で撤退ではないか」というドギツい質問が出たという。挑発的な意味合いもあるだろうし、自国製品への自信の表れとも言えるだろうが、いずれにしてもそういうことを言わせる、思わせる空気はあるということだろう。

トヨタがという話ではなく、どのメーカーについても言えることだが、もしこうした方向が、つまり中国国内メーカーのプレゼンス、そして商品力の向上が続いた時には、市場戦略の中で選択と集中が求められてくる可能性はないとは言えない。得意分野へのリソースの集約、言い換えれば不採算カテゴリーからの撤退は、現実的に可能性のある話だ。

2023年10月に中国市場からの撤退をアナウンスした三菱自動車は、2022年11月に現地で新型アウトランダーの発売を開始したばかりだった。しかしながら三菱自動車が唯一、湖南省にある長沙工場で現地生産していたのは日本で販売されているPHEVではなく、1.5ℓガソリンエンジンに小型電気モーターを組み合わせた、いわゆるマイルドハイブリッド車で、NEVには該当しなかった。

この新型アウトランダーが躓（つまず）いてしまう。販売不振により2023年3月には早くも生産停止となり、それが復活することはなかった。それどころかこれを引き金に、メーカーとして完全撤退に至るのだ。

加藤隆雄CEO（チーフ・エグゼクティブ・オフィサー）は会見で「過去3年で中国市場の電動車へのシフトは予想以上に加速した」と話した。実際、得意のPHEVを中国でも展開できていたならば、話は違っていたかもしれないが、市場規模で言えば非ＮＥＶの方が未だ圧倒的に大きいのも事実であり、つまりこれも必ずしもＢＥＶシフトに追従できなかったからという話ではなく、タイミングや価格設定など様々な要因が絡んだ結果と言うべきだろう。

そもそも中国市場に於ける三菱自動車の販売台数は２０２２年にはわずか３万１８２６台。もっとも売れた２０１８年の、ざっと４分の１ほどにまで急落していた。グローバル販売に占める割合は、わずか４％。２割のトヨタ、３割にも及ぶ日産、ホンダと較べれば重要度が低くなっていたという側面も無視はできない。

ひとつ戦略を間違えれば、こうしたことはどのメーカーにも起こり得る。さすがに２割も３割も売っているメーカーが即撤退することはなくても、たとえば低価格ＢＥＶ市場がますます拡大していき、内燃エンジン車に取って代わっていくとしたら、日本メーカーが特に価格面で、それに追従することは難しく、そうなれば高付加価値商品への集約が迫られることになるかもしれない。しかし、その市場は今まさに中国メーカー製のＮＥＶの猛威にさらされているわけだから、そこだって決してサンクチュアリというわけではないのだ。

繰り返しになるが、上海モーターショーで抱いた危機感は、単にBEVシフトに対して後れを取っている云々という話によるものではない。新しいクルマ観とでも言うべきものに対応できていなかったことへの気づき、そしてそれによって迫る巨大市場を失いかねないという恐怖からもたらされたものだと言える。さて、日本はどう戦っていくべきなのだろうか。

第2章 世界のバッテリー電気自動車（BEV）市場の動向

ここ数年の世界の自動車を取り巻くニュースの中心的なワードとなっているのがＢＥＶシフト、あるいは電動化といった言葉である。現在、ヨーロッパ、中国、そしてアメリカといった地域の自動車メーカーが、急速なＢＥＶシフトに邁進していることについては、改めて説明する必要はないだろう。「いつまで」か、そして「どれぐらい」かには多少の違いこそあれ、すべてのメーカー、ブランドが将来的に内燃エンジン車の生産、販売を縮小していき、ラインナップをＢＥＶ化していくと宣言している。

その一番の目的がカーボンニュートラルの実現であることは間違いない。しかしながら、それだけが動機だと考えるのはおそらく間違いである。世界の自動車メーカーは、ＢＥＶシフトの先に何を見据えているのか。改めて考えてみたい。

ＢＥＶムーブメント第1波

ＢＥＶシフトが声高に叫ばれるようになったのは、地球温暖化を筆頭とする環境問題の深刻化に対応した各国の環境規制の強化が発端だと言える。しかしながらＢＥＶの開発、導入に向けた機運が盛り上がったのはこれが初めてではなく、過去にも何度もムーブメントが巻き起こり、しかし実現することなく萎んでいっていた。現在のＢＥＶへの流れは3

度目、いやおそらく4度目の正直と言ってもいい。

最初のＢＥＶの盛り上がりは１９７０年代。排ガスによる大気汚染が世界中で深刻化する中、アメリカで大気浄化法改正法（通称マスキー法）が可決し、クルマに厳しい排ガス規制が課されることとなったのを契機とする。これにより各国で官民一体となってのＢＥＶ開発が推進されていく。

しかしながら、この時に使われた鉛電池は今の主流であるリチウムイオンバッテリー以上に大きく重くエネルギー密度が低く、実用的なクルマを生み出すことはできなかった。更に、三元触媒の開発などによってガソリンエンジン車の排ガスのクリーン化が急速に進んだ結果、話は尻すぼみに終わることとなったのだ。

BEVムーブメント第2波

続いては１９９０年、カリフォルニア州でＺＥＶ（ゼブ）(Zero Emission Vehcle) 規制が導入されたのが発端となった。一定以上の台数の自動車を販売しているメーカーに対してＺＥＶを一定比率売ることを義務付ける制度である。これに従い当初は、主要自動車会社7社に対して、１９９８年には2％、２００３年には10％のＺＥＶ販売が義務付けられたのである。

各社は対応に追われ、実際にいくつかのＢＥＶが世に出ているが、そのほとんどはリース販売、もしくは商用車となった。ＧＭ（ゼネラルモーターズ）が１９９６年に投入したその名もＥＶ－１はやはりリース販売で、販売は合計１０００台強にとどまり、結局販売取りやめに。トヨタもＲＡＶ４ ＬＥＶを１９９７年に導入している。

驚くべきことに、トヨタは２００２年に発売した2世代目のＲＡＶ４ ＥＶで、なんと他社に先駆けて一般販売を行なった。当時のスペックを見ると、最高出力は50kW（約67ＰＳ）で、最高速度は１２５㎞／h。１回の充電で最長１６０㎞の走行が可能だったとされる。この時、搭載していたのはニッケル水素バッテリー。意欲作ではあったが性能的に、まだまだ内燃エンジン車に遠く及ばないものだったことは否めない。

結局、ＢＥＶはユーザーの望むだけの性能を発揮させることができず、しかも実現可能性の低さからＺＥＶ規制が内容を骨抜きにする方向に改められたこともあって、各メーカーはコストがかかる割には売れないＢＥＶの開発を続々と中止していく。こうして、またもＢＥＶは日の目を見ることなく終わったのだ。

BEVムーブメント第3波

いよいよ現状に至る流れが見え始めたのが2000年代中盤以降。リチウムイオンバッテリー技術の進化で、ようやく実用性のあるBEVが開発できるようになってきたのが、その大きな要因である。

三菱自動車は2006年に軽自動車規格のBEVであるi-MiEV（アイ・ミーブ）を発表する。これがリチウムイオンバッテリーを使った世界初の量産BEVとなる。発売は2009年7月からと時間がかかったが、i-MiEVは実に2021年までほそぼそとではあるが、販売が継続されることとなる。

そして2009年8月には日産リーフも発表される。BEV専用車として開発されたリーフは世界中で需要の多い欧州Cセグメント、要するにフォルクスワーゲン ゴルフと同等のサイズ、当時のJC08モードで遂に200㎞の大台を実現した航続距離の長さなどによってヒットとなり、2014年にはグローバル販売10万台を、そして2016年には20万台を達成する。2010年12月から販売を開始したこのリーフこそが、当初のBEV市場を牽引する存在となったことは間違いない。

ちなみにテスラモーターズ（現テスラ）の創業は2003年7月のことだった。現CE

Oのイーロン・マスクは事業売却などで手にした資金をもとに大株主となっていたオンライン決済サービスのペイパルをeBayに売却し、その資金をテスラモーターズに出資していた。CEOに就任したのは2008年。同年には最初のモデルとなるテスラ ロードスターの発売にこぎ着けている。

北米市場で最初にBEVを一般ユーザーに販売したトヨタも、この時点ではBEVを諦めてはおらず、2012年には当時提携していたテスラモーターズの協力で開発した新型RAV4 EVを発売する。しかしながら販売状況は芳しくなく、テスラとの提携解消もあり、RAV4 EVはこの代限りで姿を消す。トヨタはすでにプリウスで大成功を収めており、ハイブリッド技術により一層注力することとなるのだ。

間違いなくこの時点で、世界のBEV市場をリードしていたのは日本メーカーだった。但し、それは少々早過ぎたのかもしれないとは今になって言えることである。i-MiEV にしてもリーフにしても、BEVとしては過去にないほどの高い性能を実現していたとはいえ、多くのユーザーにとっては従来の内燃エンジン車から乗り換えても、まったく不満なく使えるとまで言えるものではなかった。

それは車両単体の性能だけに限った話ではなく、使用環境についても言えたことである。

たとえば充電インフラもやはり当時は、今以上に脆弱だった。日本で生み出されたＢＥＶ急速充電規格であるCHAdeMO（チャデモ）のインフラ整備、国際標準化を進めるCHAdeMO協議会が２０１０年3月に発足し、国内外に急速充電器の設置を推進したほか、日産や三菱が自社販売店にやはり急速充電器を設置してメーカーを問わずＢＥＶユーザーに開放するなど、その時点では最善の努力が行なわれていたことは間違いない。だがしかし、設置数はいくらあっても十分以上とまではならず、何より急速充電と言っても最大50kWという出力では使い勝手は良いとは言えなかった。

実際に私は、取材のため借用したリーフの電池残量が少なくなってきたので公共駐車場の急速充電器に繋ぎ、30分待って戻ったところで残り航続距離を見たらたったの90kmに過ぎなかったとか、ナビゲーションで検索した急速充電器に辿り着いたらメインテナンス中で使えなかったといった経験を幾度もした。もしも、こうした不安が毎日のことだったらと思うと、ＢＥＶはまだとても〝使える〟とは言えないと実感したのをよく覚えている。

あるいは、それは特に日産リーフの、今乗っているクルマと容易に乗り換え可能だと言わんばかりの訴求の仕方にも原因があったと言えるだろう。自宅に普通充電器の設置が可能で、毎日の走行距離が50km程度だというならば、確かにそう。むしろガソリンスタンドに立ち寄る必要もなく、便利に使うことができる。しかしながら自由な移動の道具というのが本来のクルマの姿である。期待して飛びついたけれどガッカリして、ＢＥＶから離れてしまったという話を、その後は嫌というほど聞かされることになる。

世界に先行したはずの日本で、その後のＢＥＶの販売が伸びなかったのは、こうしたネガティブなイメージが広まってしまったせいでもあるだろうと私は思っている。もし仮に、今のヨーロッパや北米のような充電スピードを持つ急速充電器がこの時にあったなら、事情は違っていたかもしれない。東日本大震災の後、原発のイメージと直結するＢＥＶを敬遠するような気持ちが湧き上がったことも、あるいは要因のひとつと言えるだろうか。

そんな日本のＢＥＶ市場にとって久々のポジティブなニュースとなったのが、２０２２年の日産サクラ／三菱ｅＫクロスＥＶという、共同開発され基本設計を同じくする軽ＢＥＶのデビューだ。多くの場合、軽自動車には３００㎞や４００㎞という航続距離はマストではないはずだし、需要もとりわけ地方、郊外に集中している。こうした地域ではガソリンスタンドの廃業により給油が困難になってきている例も増えているが、ＢＥＶなら自宅で充電すれば済む。おそらく一軒家住まいが多いだろうから、それもハードルは低いというわけで、実は軽自動車のような簡便な移動手段として使われるクルマとＢＥＶはとても相性が良いのである。

実際、現在の日本のBEV市場ではサクラが販売台数トップをひた走っている。しかも2位以下のすべてのBEVを足した数の倍以上という圧倒的な台数を売っているのだから驚く。2023年、日本で売れたBEVのざっと3分の2がサクラだったわけだからスゴいが、しかしそれは日本のBEV市場の未成熟ぶりの証明と言うこともできるのかもしれない。

それを追いかけるかたちになりそうなのが、近日発売予定のホンダN-VAN e: である。こちらは乗用車ではなく商用車扱いになるようだが、配送業者などには重宝されそうだし、簡便な移動手段として使われることもあるだろう。

案外、日本のBEV市場の規模拡大には、これら軽BEVが大きな役割を果たすことになるのかもしれない。一旦はあやうく消えそうとすら思われたBEVの火は、再び勢いを増してくることになるだろうか。

海外のBEVシフト

さて他の国々でのBEV事情はどうだろうか。EUでは、紆余曲折あったが現時点では

２０３５年にe-fuelと呼ばれるカーボンニュートラルを実現する合成燃料を用いる車両を除く、内燃エンジン車の販売を禁止するという方針だ。またアメリカも２０３０年には新車販売のうちのＢＥＶ比率を50％とする目標を掲げている。

中国については前章で記した通り、ＮＥＶ比率を２０２５年に20％以上、２０３０年に40％以上、２０３５年には50％以上とするのが目標である。更に、２０３５年には新車販売に於けるガソリンエンジン車はすべて、電気モーターと組み合わされたハイブリッド化が義務付けられる。

もちろん我が国も例外ではない。政府は、２０３５年までに乗用車の新車販売に占める電動車比率を１００％にするという目標を掲げている。ここで言う電動車とはＢＥＶだけでなくＰＨＥＶ、ハイブリッド（ＨＥＶ）、そしてＦＣＥＶも含まれる。内燃エンジンだけで走行する車両は禁止というわけである。

ガソリン、ディーゼルを問わず化石燃料を使った内燃エンジン車は早晩、世界的に販売することができなくなる。こうした情勢を踏まえて、世界中の自動車メーカーはいわゆるＢＥＶシフトに邁進することとなった。

プレミアムカーのブランドはどう動いたのか

BEVシフトの動きに真っ先に反応したのは高級車、プレミアムカーをラインナップの主軸とするブランドである。例えば英国の王室御用達ブランドであるベントレーは、2020年11月の時点で「ビヨンド100」と呼ばれる事業戦略を明らかにしている。2026年までにラインナップをPHEVとBEVに切り替え、2030年にはBEVだけを用意するという、相当にアグレッシヴな宣言であった。何しろ当時、主流だったのはW12と呼ばれる12気筒、排気量6.0ℓのツインターボエンジンだったのだ。それを10年で、完全にBEVにシフトしようというのだから。

実際、ベントレーは2024年4月をもってW12エンジンの生産を終了した。とは言え、今も主流はV型8気筒の4.0ℓツインターボエンジンであり、ハイブリッド車が徐々に台数を増やしているが、BEVはまだ未設定である。あと2年でパワートレインのラインナップを大きく様変わりさせなければならない。

ボルボは2021年3月に、2030年までにすべてのボルボ車をBEV化すると発表した。2025年までに販売の50%をBEVとして、残りもPHEVに。そして、それから5年の間に完全BEVブランドに生まれ変わるという流れだ。

実際、ボルボは販売の多くを占めていたディーゼルエンジンを廃止し、BEVのラインナップを着々と増やしている。2023年のBEV販売比率は16%に達した。日本市場では内燃エンジン主体で小さな電気モーターを組み合わせたマイルドハイブリッド車、PHEVが主力で、BEVもじわじわと数を増やしている状況である。

2021年には、同様の趣旨の発表がジャガー、アウディ、メルセデス・ベンツなどからも続いた。いずれも2025~2033年にはBEVのみをラインナップするというところは、ほぼ一緒。但し、アウディの場合は「中国は除く」、そしてメルセデス・ベンツも「市場の動向次第で」という注釈を付けている。

驚かされたのが、こちらも英国の名門ロールス・ロイスだ。こちらも現在はV型12気筒のガソリンエンジンを主軸としているが、この先はPHEVを通り越して、ラインナップのすべてをBEV化していくという。2023年には、その第1弾となるラグジュアリー2ドアクーペのスペクターが登場。但し、その先の具体的なスケジュールは明らかにはされていない。

当時、同社のエンジニアリングのトップから聞き出したのは「私たちの顧客は中途半端なものは求めていません。BEVシフトにより私たちは究極のラグジュアリーカーを提供できます」という言葉だった。同社のファントム、ゴーストといった特徴的な車名は、V12エンジンがもたらす、気づかぬうちに背後に忍び寄るかのような静けさから命名されたもの。BEVはきわめて静かで、パワフルで、クリーンという、その車名通りの理想のクルマを実現するのに、確かに究極の手段であることは間違いない。それにしても、ラディカルな転換ぶりには驚かされるばかりである。

BEVがもたらす先鋭的な体験

さて、このように高級車、プレミアムカーのブランドがBEVシフトに積極的なのはなぜなのか。まずプラクティカルな理由として、それが理にかなっているからだ。何しろこれらのブランドの車両は、非常に高額であり、大容量のバッテリーをはじめとするBEV化で生じるコストを吸収させやすい。しかもオーナーの多くはブランドに対するロイヤルティが非常に高く、ありていに言えば買っていただくことが比較的容易だと言うこともできるだろう。

イメージの良さも無視できない要因だ。大抵の場合、大きく重いクルマを大パワーのエンジンで走らせるか、少なくともそのように見られがちなプレミアムカーに対しては、世間から厳しい目が向けられる側面が常にある。しかしどうだろう。それがＢＥＶだったとしたならば、イメージは大きく変わるのではないだろうか。今まではやや隠れ気味に乗っていたけれど、ＢＥＶならむしろ堂々と人前に出て行ける。高級車を〝乗り回して〟なんて言われることはない。こうした要素も、プレミアムカーブランドをＢＥＶに向かわせるという面は決して否定できないのだ。

プラクティカルな面で見れば、ＢＥＶに関する不安、懸念として真っ先に挙げられる充電が問題になりにくいという側面もある。ベントレーやロールス・ロイスのオーナーは、ほぼ間違いなく車両を公共駐車場や道路に停めていたりはせず、自宅などのガレージに収めているはずであり、そうなれば充電はそこで行なえば基本的に事足りる。しかも、走行距離は概して長くはないに違いない。

更に、彼らが盛んに喧伝していたのは、ＢＥＶが顧客に対して今までのクルマでは味わえない新鮮な驚きをもたらすことができるということだった。確かに、それは一理ある。内燃エンジン車のパワー競争も行き着くところまで行ってしまい、出力が１０００ＰＳあったって、もはや大して驚いてはもらえない。そもそも５００ＰＳが５５０ＰＳになっても、体感するのは難しい。

それがBEVになれば、内燃エンジンとは別次元のレスポンス、スムーズさ、静粛性を実現できる。今まで味わったことのないような走りっぷりを手にすることができる。昔ならばクルマ好きなら6気筒エンジン車の次は8気筒に乗りたいと願った。それが今や6気筒の次は高出力のBEVというわけである。

メルセデス・ベンツのサブブランドとして、同社のモデルをベースに高出力エンジンを搭載したスポーツモデルを送り出しているメルセデスAMG。2021年9月、コロナ禍の最中にドイツ、ミュンヘンで開催された国際モーターショー、IAAモビリティで、ブランドのCTO（チーフ・テクノロジー・オフィサー）であるヨッヘン・ヘルマン氏から聞いたのは、こうしたコメントだった。

「私たちのようなハイパフォーマンスブランドにとって、瞬時に大きなパワーが得られる電気モーターへのパワートレインの移行は、脅威ではなく大きなチャンスです」

テスラの圧倒的存在感

実際のところ、こうしたプレミアムカーメーカーを電動化に向かわせた最大の要因は、それだけではない。挙げるべきはテスラの存在だと言って間違いないだろう。

2003年にシリコンバレーで設立されたテスラモーターズは、2008年に最初のモデルとしてテスラ ロードスターを発表する。但し、これはまだ英国ロータス車のスポーツカーの車体をベースに作られた趣味性の強い2シーターオープンカーに過ぎず、販売台数も約2500台にとどまった。パワフルな電気モーターによる加速は痛快なものだったが、大容量のリチウムイオンバッテリーや冷却系統はまだまだ性能が低く、サーキットを1周走って戻ってくると、次の周にはあからさまに遅くなってしまったことが、印象として強く残っている。

メジャーメーカーへと駆け上がる端緒になったのが2012年に登場したモデルSだ。フリーモントにある、かつてトヨタとGMの合弁で設立されたNUMMI (New United Motor Manufacturing, Inc) を譲り受けて設立されたテスラ・ファクトリーで生産される、まったく新しいモデルである。

自社設計のオールアルミ製ボディに高出力モーターを搭載し、前後輪の間のフロア下に大容量リチウムイオンバッテリーを搭載したモデルSは、電気モーターの特性を活かして最上級の「85kWh パフォーマンス」で静止状態から100㎞/hに至るまでわずか4・6秒というスポーツカー顔負けの加速性能を持ち、しかもBEVの最大の課題と言われてきた航続距離は500㎞を実現する圧倒的なスペックを誇った。それまでのBEVにつきまとった「遅い」、「航続距離が短い」というネガティブなイメージを、尽く解消していたのだ。

しかも、5ドアクーペスタイルのボディはBEVだからといって殊更に未来感をアピールしたりすることのない普遍的な美しさを湛えたフォルムをまとっていた。一方、機械的なスイッチ類を限りなく減らし、ダッシュボードに備えられた17インチという巨大なタッチスクリーンによって様々な機能を呼び出すかたちとするなど、インテリアはきわめて先進的な雰囲気で、それもまた大いに話題となった。

このモデルS、登場直後の2013年には早くも年間販売台数2万2442台に達すると、翌年には更に4割増の3万1655台にと、急カーブで台数を増やしていく。そして2015年には同じ基本骨格を用いた大型SUVのモデルXも登場。合わせた販売台数は6割増の5万580台に。その2年後にはほぼ倍の10万

テスラ モデルS（写真提供：テスラ）

３１８１台に到達する。

その間、２０１６年３月には、モデルＳよりひと回りコンパクトなモデル３の予約が始まり、たった2ヶ月で37万台にも上るオーダーを集めて話題となる。もっとも、実際にモデル３のデリバリーが始まるのは２０１８年となるが、この年にはテスラのセールスは24万５２４０台にまで到達するのである。

ポルシェ タイカンの成果

この急成長ぶりに慌てたのが、まさに既存のプレミアムカーメーカー／ブランドだった。特にメルセデス・ベンツ、ＢＭＷ、アウディにポルシェを加えたドイツブランドにとって非常に重要な北米市場に於けるテスラの躍進ぶりは凄まじく、のちの２０２１年にはテスラは、トップ３の定番だったこれらのメーカーを大幅に凌駕してプレミアムカーセグメントのトップシェアを獲得するに至る。何らかの手を打たなければならないことは明らかだった。

素早く動いたのはポルシェである。高価格・高性能な４ドアクーペであるパナメーラを投入して、メルセデス・ベンツ、ＢＭＷ、アウディなどよりワンランク上のユーザーを相手にしていたポルシェにとって、より先進的で、スポーティで、しかも若々しいイメージを持つブランドの勃興は脅威以外の何物でもなかったということは容易に想像できる。

更に言えば、ポルシェとしては決して付け焼き刃ではなくBEVの開発にはすでに着手していたということだろう。2015年のフランクフルトモーターショーで初披露したBEVのコンセプトカー「ミッションE」は、この時点ですでに採用するテクノロジーや実現するスペックが、詳細まで語られていたのだ。

モデルSと近い全長5m弱のボディは、敢えて4ドアクーペとして仕立てられ、ポルシェらしさと先進性を融合させたデザインでアピール。0－100km／h加速を3・5秒でこなす動力性能、500kmを超す航続距離なども、まさにモデルSをターゲットにしているのは明らかだった。

そして実際にポルシェは、このミッションEのコンセプトを忠実に反映した市販車、タイカンを2019年にデビューさせる。最高峰のタイカン ターボSでは最高出力は通常時625PS、発進加速時には761PSに達し、0－100km／h加速は結局2・8秒まで速められた。一方、航続距離は最大416kmとされた。

BEVならではの加速の鋭さで、従来のスポーツカーなど敵にならないと挑発し続けてきたテスラに対する、スポーツカーメーカーとしてのプライドを懸けた回答。それがタイカンだったと言っていいだろう。販売は好調で、タイカン ターボSで2609万円という超高価格車ながら、グローバル販売は年間4万台を超えている。このセグメントでは十分な存在感を示していると言えるし、何よりテスラに対して、そしてマーケットに対して、果たすべき役割をしっかりこなしてみせたと評価していいだろう。

メルセデス・ベンツのBEVシフト

メルセデス・ベンツは2016年に、BEVに特化したサブブランドとしてメルセデスEQを立ち上げる。最初のモデルは2018年にデビューしたミディアムサイズSUVのEQC。そしてコンパクトSUVのEQAが続いたが、本命はBEV専用に開発された車体構造を初採用したラージクラスセダンのEQSである。

2019年9月のフランクフルトモーターショーでお披露目されたヴィジョンEQSに続いて、市販車EQSは2021年4月に登場する。鮮烈だったのはそのデザイン。極端にボンネットが短く、キャビンが前進しており、しかも車体の先端から後端までが、1本の弓のような三日月型のラインで描かれたフォルムは、伝統的な3ボックスセダンである内燃エンジンを積む最上級モデルのSクラスとは真逆と言ってもいい先進感を前面に押し出したものだった。

しかもインテリアは、運転席側から助手席側までダッシュボード全面を1枚の巨大なディスプレイで覆うMBUXハイパースクリーンを採用。実際には3枚のディスプレイを組み合わせているのだが、ともあれあのメルセデス・ベンツがここまで未来感を強調した内装を採用してきたことには驚かされた。

デザインは典型的なセダンフォルムから決別し、しかもモデルSと同様にテールゲートを持つハッチバックとすることで多彩な使い方に対応する。多くの機能を音声で呼び出し可能とするなど、見た目だけでなく操作系も刷新した、そのクルマの有り様からして、やはりこれまでのメルセデス・ベンツのユーザーではなく、新しい層を狙っているのは明らかだった。サブブランドまで立ててきたことも含めて、自動車業界でどうやら新しい戦いが始まったということを、まさに自動車なるものを発明したブランドであるメルセデス・ベンツが強く意識し、危機感を抱いていたことは間違いないだろう。

先に記した通り、こうしたプレミアムカー、ラグジュアリーカーなどと括られるクルマのユーザーたちのうち特に先鋭的な人たちは、常に新しい、他では味わえない体験を求めている。他の誰かよりも先んじてそうしたクルマを発見し、楽しんで、悦に入りたい。テスラ モデルS、そしてモデルXは、そういうニーズにぴたりとハマったというわけである。もちろん環境意識からBEVを選んだという人も居るには違いないが、興味をひく新しいクルマがたまたまBEVのテスラだったという方が、特に初期のユーザーについて言えば、実態に近いはずだ。

フォルクスワーゲンのBEVシフト

こうした、いわゆるアーリーアダプターが一定の割合を占めるプレミアムカー、要するに高価格車の市場に於いてのBEVに対して、中間層向けと言うべきコンパクト〜ミディアムサイズカーに於いては、BEVへのシフトはどのように進捗しているのだろうか。

このセグメントに於けるBEVシフトの旗振り役となっているのがフォルクスワーゲングループだ。そのきっかけとなったのは、2015年秋に発覚したディーゼル車の排ガス不正問題である。車両制御ソフトウェアにトリックを施し、排ガス試験モードだと認識するとクリーンな運転に切り替わる一方で、普段の路上走行ではパワー、燃費を優先。有害物質であるNO$_X$（窒素酸化物）を最大で基準値の40倍も排出していたという、きわめて悪質な事件である。

地球環境問題への対応策として90年代以降のヨーロッパでは自動車のパワートレインとしてディーゼルエンジンが強烈にプッシュされてきた。燃費に優れ、つまりCO_2排出量が少ない。しかも低回転域から発生する豊かなトルクによってドライビングの喜びも兼ね備えていたディーゼルは、一時は乗用車の販売全体の半数以上を占めるほどの人気となっていた。

ディーゼル推しの姿勢は、実は電動化、当時で言えばハイブリッド化でトヨタ、ホンダなどの日本車に完全に置いていかれてしまったヨーロッパの自動車メーカーの苦肉の策という面もあった。日本では、時の石原慎太郎東京都知事による、ディーゼル車の排ガスが入った黒ずんだペットボトルを振るパフォーマンス以降、ディーゼルの人気がガタ落ちとなり、その開発に積極的な投資が行なわれなくなっていた。そこに勝機を見出したかたちである。

しかし激しさを増す競争の中で、功を焦り過ぎたのだろうか。フォルクスワーゲンは自動車メーカーとして絶対にやってはいけない不正を犯し、経営面で大きな打撃を受ける。

そして他メーカーも含めて、ディーゼル人気は完全に低迷することになる。

困ったことにディーゼルに力を注いできた多くのヨーロッパの自動車メーカーには、トヨタやホンダに比肩し得るハイブリッド技術の持ち合わせがない。内燃エンジンと電気モーターを協調させ緻密に制御するハイブリッドは、トヨタすらも最初は大いに手こずったほどで簡単ではなく、しかも特許はあらかた押さえられた状況だった。しかも、2021年には当時世界でもっとも厳しいとされた新しい燃費規制の導入も迫っている。さて、どうする？　そこでドイツ勢を筆頭に、当面はマイルドハイブリッド車とPHEVに注力し、将来的にはBEVをパワートレインの中心に据えるというように、方針が大きく転換されるのだ。

フォルクスワーゲン グループは2016年6月に発表した新経営戦略「TOGETHER－Strategy 2025」で、2025年までにBEVを30車種投入し、年間200～300万台のBEV販売を目指すとした。まさに、ここでヨーロッパ勢のBEVシフトの姿勢が高らかに宣言されたと言ってもいいだろう。

先に記したこととも重複するが、BEVシフトが進められる要因は他にもあった。まずは、地球環境問題に対する世界的な意識の高まりの中、将来的な内燃エンジン車の通行禁止を謳う都市が急増したことが挙げられる。たとえばロンドンやミラノなどは2030年までに中心地へのガソリン車、ディーゼル車の乗り入れを禁止、パリは2025年までに全ディーゼル車の通行を禁止といった具合で、PHEVを含む規制内容を見れば、許されるのはほぼEVもしくはFCEVだけということになる。更に、主要都市がそれぞれ独自に定めたCO_2排出削減目標も無視できないポイントとなる。

2021年7月、EUの執行機関である欧州委員会は2035年までに乗用車や小型商用車の新車からのCO_2排出量をゼロにするという規制案を明らかにした。こうなれば、BEVシフトは選択肢ではなくマストとなる。そして2022年10月には欧州議会が加盟国と合意。自動車業界に一気に、急激な大変革の波が押し寄せたのだ。

各自動車メーカーから相次いで、何年までにBEV比率を何%に高める、どこにどれだけの量のバッテリー工場を建設するといったアピールが始められたのは、この頃である。しかしながら市場がそうしたメーカー側の思惑通りに推移しているのかと言えば、それは別の話。掛け声は大きいけれど、ユーザーがそこについていっているとは言い難い。

ここでもフォルクスワーゲン グループを引き合いに出して見てみよう。2023年、フォルクスワーゲン グループの世界販売台数は4年ぶりに上昇に転じて、約12%増の924

万台に達した。その中でBEVは77万1100台を販売。前年比、実に35%の大幅増で、総販売台数に占める割合は2022年の6・9%から8・3%にまで上昇した。但し、これはグループ全体の数字であり、すなわちアウディやポルシェなども含まれる。フォルクスワーゲンブランドだけで見ると、世界販売台数は約487万台で、そのうちBEVは約39万4000台。割合は約8%となった。

2025年の目標の下限である年間販売200万台でも、達成するには今の3倍売らなければならないというのは、さすがに相当無理があるだろう。しかもフォルクスワーゲンについては2023年夏、そして秋には、それぞれBEVの生産規模が縮小されるというニュースも入った。思うように需要が伸びていないことは明らかだ。

フォルクスワーゲンブランドはBEVをI.D.という新しいシリーズの下に展開しているが、その名前がブランドとして浸透しているのかと言えば疑問である。クルマとしての完成度も、往年のゴルフの鬼気迫るほどの高いクオリティ、質の高い走りを知る人にとっては物足りないという側面もある。

BEVはどうしても価格が高くなる。フォルクスワーゲンのような中間層向けのブランドは、BEV化による価格上昇を車両価格に転嫁するのが簡単ではない。コストダウンを図ればクルマとしての魅力が低下し、価格を上げれば、ドイツ本国でもじわじわとシェアを伸ばしつつあるという中国製の安価なBEVにますますシェアを奪われてしまう。非常に厳しい戦いを強いられているのが現状なのだ。

EUの、2035年までに内燃エンジン車を完全に禁止するという方針はその後撤回され、CO_2とH_2を主成分とする合成燃料、e-fuelを使用する場合に限り、内燃エンジン車にも生き残りの道が開かれることとなった。とは言え、BEVシフトという大きな流れには大きな変化はないだろう。しかしながら、その道のりが相当険しいものであることは間違いなさそうである。

国家戦略として政府に後押しされる中国市場

最後に中国市場についても少し触れておこう。彼の地でNEVが急速に進化し、そして販売台数を伸ばしているのは、中国政府の強力な後押しがあってのことだ。「中国が自動車大国から自動車強国へと邁進するため避けては通れない道」と謳われ、国家戦略としてその開発が優遇、推進されているのである。

理屈は単純で、内燃エンジン技術でヨーロッパ、日本、アメリカなど自動車先進国に追いつくのは簡単ではないが、BEVなら横並び、あるいは優位な位置から競争をスタートでき、そして凌駕できる可能性が十分にあるというわけである。更に言えば、中国国内の大気汚染問題などに対しても、有力な解決策となり得るわけだ。

ユーザーをNEV購入に向かわせる動機としては、前章で記した通り商品としての魅力がますます高まっていること、また愛国心的な要素などもあるが、現実的な理由としてNEVには購入を促進する様々なインセンティブが働いているというのも無視できない。個人向けの購入補助金は2022年をもって終了したが、車両購入税の免除は2023年いっぱい続けられたし、地域ごとの販売奨励策もある。例えば上海市では内燃エンジン車からの乗り換えに、補助金が支給されている。

更に、これも上海の場合は、ナンバープレートはオークション制となっていて、内燃エンジン車などの一般用はそれが非常に高額になっているのに対して、NEV用は無償交付となるといった優遇も行なわれている。2035年には国内NEVシェアは50%を超えると言われているが、実際すでに2025年までに20%という目標値を突破し、NEVは自動車販売の25%以上を占めるに至っているということで、今後その勢いがますます加速していくのは間違いない。

自動車先進国に於いては、これまで述べてきた諸々を現実的に考えれば、今後も引き続きBEV化の流れはプレミアムカー、そして日本の軽BEVを含む、シティコミューター的な小型モデルを中心に進んでいくことになるのではないだろうか。一方で、その間に位置するクルマがすべてBEVになるまでには、まだ相当な時間がかかりそうだ。

しかしながら、ぼやぼやしていると、ここに中国メーカーが流れ込んでくることは容易に想像できる。日本は昨年、BYDが上陸したばかりだが、すでにドイツはじめヨーロッパではそれが現実になりつつある。BYDはリチウムイオンバッテリーの製造で世界第2位のメーカーで、2003年に自動車産業に参入。2023年のBEV世界販売台数はテスラに次ぐ2位を記録している。但し、中国メーカーの本当の狙いは日本ではなく、ここを足がかりに日本車が圧倒的な強さを誇るアジアを席巻すること。実はここからも日本の自動車産業には、危機が迫ってきているのだ。

第3章 日本市場の反応、BEVとの向き合い方

負けじと動き始めた、日本メーカー

「中国市場は特別だから」というのは、衝撃的だった2023年の上海モーターショーの会場で、あるいはその後にあった様々な懇談の場で、日本の自動車メーカーのトップ級の方々から多く耳にした言葉である。先鋭的で、それこそディヘドラルドアのような装備を躊躇（ためら）いなく導入したデザインや、大画面タッチスクリーンを中心に据えて音声入力なども積極的に採り入れたインフォテインメントシステムといった、まさに上海モーターショーで私たちを大いに驚かせた要素も、あくまで求めているのは中国のユーザーだけ。グローバルで見た時には必ずしもすべて求められているわけではなく、つまり敢えてそこには踏み込んでいないのだという思いが、そこには込められていたように思う。あるいは言い訳と言ってもいいかもしれない。

某メーカーの副社長は「別に驚きはなかった」と話していたが、それも〝技術としては〟何か不可能なことをやっているわけではなく、想定できる範囲の話に過ぎないと言いたかったのだろう。やろうと思えばすぐにでもできることだと言いたげに感じられたが、しかしやっていなかったのは事実である。

もっとも、そうした言葉すら、すべて額面通りに受け取ってはいけない。第1章にも記した通り、「新しいクルマ観」とでも言うべきものに中国市場が先んじたのだとしたら、つまりグローバルレベルでクルマのユーザーの思いがそちらに向けてなびいていったならば、中国市場だけが特別、特殊だなどと言ってはいられなくなる。例えばヨーロッパでも、アジアでも、ここ日本でも、確かにまだ低価格帯の自動車市場に於いてはという注意書きは必要ながらも、中国メーカーがじわり市場を侵食してきている現状を見れば、畏怖を覚えてこそ当然だろう。そして実際、それぞれのメーカーが、それぞれに動き出していた。

トヨタの反応

上海モーターショーからおよそ2ヶ月後の2023年6月にトヨタは静岡県にある東富士研究所にメディア、ジャーナリストを招いて、最新技術を一堂に集め、公開する「トヨタ テクニカルワークショップ」を開催する。まだ世に出ていない、開発途中の次世代バッテリーやBEV、音声認識技術にボディ構造技術などを、つまびらかにしたのだ。

通常、特に日本の自動車メーカーはこうした量産にこぎ着けていない技術を公にするのを嫌う傾向にある。その背景には何年までに実現予定だと言っておいて結局うまく行かずにお蔵入りになったら何と言い訳したらいいのかという考えが潜んでいる。その技術が搭載されたクルマが発売される段になって、初めてその技術についても明かすというのが一般的である。

但し、ヨーロッパやアメリカのメーカーには必ずしもそれは当てはまらない。私自身、メルセデス・ベンツやフォルクスワーゲン、アウディ、ＢＭＷなどがこの先何年かの間に実用化したいと考えて開発している技術について説明を受け、あるいはそれを使った試作車に実際に乗ってというワークショップに、何度も参加したことがある。それも別に私が特別な立場にいるわけではなく、各メーカーがメディアイベントとして世界中からジャーナリストを招いて、そういうことを行なっているのだ。

実際、ここで「自分たちはどういうことを手掛けていますよ」と世間に周知させておくのは、実用化で仮に後れを取ったとしても、自分たちの方が先に手掛けていたと見せつけられるという意味合いもある。仮にホンダが世界で初めて実用化できたとしても、世間は「ＢＭＷが先にやっていたよね」と解釈してくれる、という具合である。もちろん、そうやって未来に向けて投資している、すでに技術開発が進んでいると表明することは、ＩＲ的にも非常に有効なことは言うまでもない。

話がそれたが、この時に開催されたトヨタ テクニカルワークショップは、まさにそうした、まだ実用化されていない、されるかどうかも定かではないものまで含めた、将来技術のお披露目の場だった。実は、このイベントの開催を推し進めたのは、トヨタ自動車の中嶋裕樹副社長兼CTOその人。イベントの冒頭では「今まで公開したことのない技術を90%までは出します」と話したという。上海モーターショーに出向き、強烈な危機意識を持って帰ったことが、この場に繋がったのは間違いない。

私自身はそれには参加しておらず、資料を確認し、更にあとから行なった幾度かの取材でその全容を理解したのだが、これと9月に開催された「トヨタモノづくりワークショップ」でトヨタが見せたものは、これまた世間を、あるいは競合他社を震撼させるに十分なものだった。何より大きなインパクトを放っていたのが、革新的なバッテリー技術である。

2021年、世界に理解されなかったトヨタの姿勢

BEVの主要なコンポーネンツの中でも、一番体積、重量が大きく、航続距離にも動力性能にも大きな影響を与えるのがバッテリーだ。よって、それは競争のもっとも苛烈な部分と言うこともできる。

更に言えば、多くの自動車メーカーはゼロから自社でバッテリーを開発、生産する技術を持たない。ＢＥＶに、そしてスマートフォンをはじめ様々な電子機器で使われているリチウムイオンバッテリーに先鞭をつけたのは実は日本で、１９９１年にソニー・エナジー・テックが世界で初めてその量産を開始している。しかし、今や世界のバッテリー産業の主役は韓国、そして中国であり、日本以外の自動車メーカーの多くは、ここからバッテリーを調達している。更に、求める技術に特化した開発を推し進めるため、そして将来の需要の逼迫に備えて安定供給を確保するために、これらのメーカーと組んで開発を行なったり、生産施設を確保したりしている。

急激なＢＥＶシフトを掲げるドイツの自動車メーカー各社も、基本的にはほとんどがサムスン、ＬＧなどの韓国メーカーとタッグを組んでいるし、ＣＡＴＬやＢＹＤなど中国メーカーの勢いも急だ。日本メーカーも、中国市場ではこれら中国メーカーとタッグを組んでいるし、例えばホンダは主に北米向けにカナダで生産するＢＥＶには、ＬＧ製のバッテリーを搭載している。

ギガファクトリーという言葉を聞いたことがあるだろうか。これは10億という単位を意味するギガと、工場を意味するファクトリーを組み合わせたもので、要するに巨大工場のことを指す。その皮切りとなったのが、テスラがパナソニックと共同で2017年より稼働を開始させたリチウムイオンバッテリー工場の「ギガファクトリー」。当時、世界中のあらゆる工場の中でも最大の規模を誇るとされたこの工場は、工場と周辺の土地を合わせた敷地面積が13㎢、東京ドーム約278個分に相当し、電力にして年間37GWh以上のバッテリーセルを生産するとされた。一般的なBEVで50万台分に相当する量だ。しかも、その後の追加投資によって規模は更に拡大。現在の生産能力は100GWhとされる。工場の巨大化は、生産コストの低減、クオリティの平準化に繋がるというのがテスラの言だ。

その後、世界の自動車メーカーがその後を追い始めた。例えばフォルクスワーゲンは2021年に開催したオンラインプレスカンファレンス「パワーデー」で、2030年までにヨーロッパだけで6つのギガファクトリーを建設し、年間総生産能力240GWhを実現すると宣言した。先程の計算に則れば、1年間に350万台近くのBEVを生産できることになる。

彼らがドイツに建設中の最初のギガファクトリーがザルツギガ。かつて内燃エンジンや乗用車を生産していたザルツギッター工場が改装されて地名の〝ザルツギッター〟と〝ギガファクトリー〟を掛け合わせた造語のザルツギガと呼ばれるようになったもので、ここで作られる、グループで2020年代後半から使用予定のユニファイドセルバッテリーは年間40GWh分、車両にするとフォルクスワーゲン曰く50万台分に相当するという。

「○○年までに年間生産量○○GWhのバッテリーギガファクトリーを建設する」。そうした宣言がここ数年、世界の自動車メーカーから相次いだ。BEVへの急速なシフトによって起こり得るバッテリー供給の逼迫化、あるいはそれに伴う価格上昇まで見据えて、各社とも外部調達だけに頼らず、自社で必要な分のリチウムイオンバッテリーを確保するという思惑が、そこにはある。

もちろん日本メーカーも例外ではない。トヨタは2021年9月の段階では、2030年の電動車販売台数として800万台を見通し、そのうちBEVとFCEVが200万台を占めるとしていたが、この時に想定していたバッテリーの年間生産能力は180GWhだった。しかしながら市場のBEVへの流れが速まった際には、200GWhまで準備することを想定していると、当時の近健太CFO（チーフ・ファイナンシャル・オフィサー）は話していた。

しかしながら、この200万台という目標数値が世界中のメディア、環境保護団体等々から「トヨタはBEVに積極的ではない」という批判に繋がっていく。これが言いがかり以外の何物でもないということは、トヨタが、あるいは日本の自動車メーカーがCO_2削減のために残してきた実績からすれば自明のことである。

2021年7月時点でのトヨタのハイブリッド車の累計販売台数は1810万台。トヨタによれば、使われたバッテリー量は仮にBEVを作った場合には約26万台分になるが、CO_2削減効果はBEV約550万台分に相当するという。要するに少ない電池量で、CO_2削減を効率的に実現しているというわけだ。

BEVはまだ車両価格が高く、充電インフラをはじめ普及には依然として高いハードルがそびえている。同じだけの量のバッテリーで数少ないBEVを作って売るよりも、数多くのハイブリッド車を多くのユーザーに届けた方が、全体で見た時のCO_2削減効果は大きい。それはトヨタを筆頭に日本の自動車メーカーが実際に達成してきたことである。

残念なことに、この姿勢は内外のメディアの多くに理解されなかった。トヨタはBEVに消極的、自前のハイブリッド技術、つまりは内燃エンジンで築いた優位性をできる限り守りたいからBEVに本腰を入れないといった論調が幅を利かせ続けることとなる。

更に言えば、実際にBEVの世界販売台数は、誰もが思い描いたほど順調にとは言わないものの、やはり確実に増加していた。テスラ、BYDを筆頭にトヨタ不在の市場を確実に押さえてきたという現実も無視できない。

地に足をつけたバッテリー開発

必ずしも、世界中のメディアによる批判だけが動機ではないだろうが、トヨタは2021年12月に急遽、今後のBEV戦略について説明する大掛かりなイベントを開催する。その時点で企画中だった数多くのBEVの試作モデルをずらりと並べ、更にはバッテリー工場への巨額の投資を発表。BEVの販売目標についても、2030年には世界で年間350万台という大幅増の数値をぶち上げたのである。

更に翌年8月には、BEV用バッテリー生産に注ぎ込む投資金額は日本が約4000億円、アメリカが約3250億円で、バッテリー年間生産量は40GWh上乗せされるということ。巨額の投資であることは間違いないが、一方で、年間350万台のBEVを売ろうと言うのならば、それでもまだ足りないのではないかという懸念も浮かび上がってきた。しかし、ここでもトヨタは地に足をつけて土壌を耕していた。それが前述の通り、トヨタテクニカルワークショップにて明らかにされた、次世代バッテリー技術だ。

発表された次世代バッテリー技術は多岐にわたる。BEVのゲームチェンジャーと言われ、世界中のメーカーが開発に鎬を削っている全固体電池だけでなく、現在主流の液系リチウムイオンバッテリーについても大きな進化のロードマップを明らかにしたのだ。

まず2026年に発売する新しいBEVに用いる予定なのが「次世代電池（パフォーマンス版）」と呼ばれるものである。現在トヨタが主に使っている角形バッテリーをベースにエネルギー密度向上など性能を改善し、同時にコストを現行のトヨタのBEVであるbZ4Xに対して20％減、そして10％から80％への急速充電を20分以下で実現するという。

このモデルは他にも、BEVの高速域での航続距離に直結する空気抵抗を低減したデザイン、生産性を高めるギガキャスト成形の車体など画期的な内容を備えたもので、驚くべきことに航続距離は現在のトヨタ製BEVのざっと倍、1000㎞を目標にすると明らかにされた。この1000㎞という数字は中国の燃費、電費の測定方法であるCLTCモードに基づくもので、交通環境の異なる日本のWLTCモードよりも概して15％ほど良い数字になるが、だとしても850㎞である。これは衝撃的だ。

このコンセプトをより具体的にかたちにしたモデルが、2023年10月のジャパンモビリティショー2023のレクサスのブースに出展されている。モデル名はLF－ZC。そう、これは決して絵に描いた餅ではないのである。

一方で普及版も用意する。2026〜2027年の実用化に向けてチャレンジしているというその名も「次世代電池（普及版）」は、従来それぞれ独立していた正極と負極のふたつの電極を1枚の集電体にまとめたバイポーラ構造を用いるのが特徴。要するに部品点数が少なく、内部抵抗が少なく効率に優れ、省スペース化に大いに貢献する。トヨタはすでにハイブリッド車にこのバイポーラ構造を用いたニッケル水素バッテリーを使っている。

しかも、材料には一般的なNMC（ニッケル・マンガン・コバルト）、いわゆる三元系材料に代わって、LFP（リン酸鉄リチウム）を用いることで、低コスト化を実現する。このLFP系リチウムイオンバッテリーは、テスラ モデル3がすでに搭載している。こちらは中国のCATL製で、現在日本で販売されているのはまさにこの車両である。

BYDが使っている特徴的なブレードバッテリーもこれに当たる。NMCというまさに希少金属の代わりに鉄を利用するため、性能は劣るがコストは抑えられ、安全性も高く、充放電性能にも優れる。しかも熱に強いので、密集させて搭載すれば、容量面もカバーできる。実際、トヨタの「次世代電池（普及版）」も、現在販売中のbZ4Xに対して航続距離20%向上、コスト40%減を可能にし、急速充電時間も30分以下に抑えることができるという。

それだけにはとどまらない。更に先の2027〜2028年の実用化を見据えているのが「バイポーラ型リチウムイオン電池（ハイパフォーマンス版）」で、こちらはバイポーラ構造にハイニッケル正極、つまりニッケル容量が大きく高出力化が可能な正極を組み合わせたものだ。

航続距離は「次世代電池（パフォーマンス版）」に対して更に10%向上し、同時にコスト10%減を実現できるという。SOC（充電状態）10〜80%までの急速充電時間も20分以下になるというから、これが実用化されたらいよいよBEVを使うための障害は霧消しそうである。

実需を見据えた投資と、トヨタの流儀

確かにトヨタが現時点に於いて、BEVで他社に先行を許している部分があることは事実だ。しかしながら今にして思えば、敢えて遅れていた部分もあったのかもしれない。

2023年11月にお話をうかがった際にトヨタの副社長でありCTOの中嶋裕樹氏が話していたのは、トヨタが見ているのはあくまで実需だということだった。実需がないのに投資を進めることは経営に大きな影響を与えかねないからだ。しかも、それだけじゃない。

「我々は電池を自分たちでも開発してますから、この先まだ進化することを知っている。なのに今一気に投資しちゃうと、それは将来、無駄になる可能性が大きいんです」

バッテリーに関してはハイブリッド車の時代から、そしてそれだけでなくあらゆる技術に関してサプライヤー任せとせず〝手の内化〟を目指して社内で技術開発に取り組むのがトヨタの流儀である。彼らはバッテリーがこの先どのように進化していくのかが見えており、それらの実用化が視界に入ってくるまでは「無駄な」あるいは、将来的に無駄になってしまう投資を控えてきたのだ。恐ろしいことに……。

実際にここで見せられた革新的なバッテリー技術を見れば、言っていることがよく分かるだろう。おそらく世界中の自動車メーカー、そしてバッテリーメーカーが震撼したのは間違いない。トヨタが見ている近未来にキャッチアップしたくとも、前述の通り既存技術のバッテリーに、すでに莫大な投資をしてしまっているのだから……。新しい技術が出てくれば、新しい投資が必要になるが、既存のバッテリーギガファクトリーはどこもまだ莫大な投資の回収フェーズにさえ入っていないのである。

しかも、これらの技術は単に研究開発中のものというわけではない。前述の「トヨタモノづくりワークショップ」では、トヨタの貞宝工場内に設けられたバイポーラ型リチウムイオンバッテリー、そして全固体電池の量産化開発ラインが公開された。すでに技術開発、検証の段階は過ぎて、量産のための開発が行なわれている状況なのだ。じゃなければトヨタのような会社が、何年に投入予定だなどと具体的なことは言わないはずである。

全固体電池の、日本メーカーの開発

全固体電池についても触れておくべきだろう。バッテリーの中の電解質を液体に代えて固体にする全固体電池はBEVのゲームチェンジャーと呼ばれ、世界中の電池メーカー、自動車メーカーが開発競争を繰り広げている。電解質が固体になれば、当然ながら液漏れの心配がなくなる。リチウムイオンバッテリーに使われるリチウムは水と反応するため、電解質には水ではなく有機溶媒などが使われており、これが液漏れの際の危険の一因となっていたが、固体ならば容器を今のように頑丈にする必要がなくなり、構造や形状の自由度が高まる。熱に強いこともあり、高速の充放電も可能になるのだ。

難しいのは、この固体電解質の耐久性である。充放電の際に、つまり使用時に発生する熱などが原因で、膨張と収縮が起こると電極、電解質に亀裂が生じてしまう。そうすると性能低下、機能不全に至るというわけで、そうならない固体電解質をいかに見つけるか、開発するかが、もっとも大きなテーマとなっていたのである。

トヨタはBEV用として2027～2028年の市販化を目指すと公言しており、こちらも量産試作の段階に入っている。カギとなる固体電解質の材料技術について出光興産とタッグを組むことが2023年10月に明らかにされたばかりである。

気になる性能は「次世代電池（パフォーマンス版）」に対して航続距離が20％向上し、急速充電所要時間はなんと10分以下になるという。コストはまあ当面は安くはならないだろう。おそらくハイエンドのモデルから限定的に使われていくようなかたちになるに違いない。

国内メーカーでは日産も全固体電池の開発を進めていることを明らかにしている。2028年度までの市場投入を目標に掲げ、それに向けて2024年度までに横浜工場内に量産化に向けたパイロットラインを設置するとしており、2022年には量産試作に向けた材料、設計、製造プロセスの検討を行なう試作生産設備を公開した。

追浜にあるこの施設は、まさに日産がリチウムイオンバッテリーの開発を「粉を混ぜるところから」スタートした場所だという。しかも同じラミネート構造を採るが、これは当時から全固体電池まで見据えていたわけではなく、単なる偶然とのこと。この時のリチウムイオンバッテリー事業は売却してしまったとは言え、やはり自社で技術開発を行ない、蓄積してきた技術やノウハウは、次世代バッテリーにも活きてくるようだ。

ちなみに日産は、将来的に全固体電池を使った車両のコストは、ガソリンエンジン車と同レベルにまで持っていけるとしている。それが実現したならば、普及に向けた大きなドライブとなるだろう。

同様にホンダも２０２０年代後半の全固体電池搭載車の発売を目標として掲げている。やはり２０２４年春に栃木県さくら市の実証ラインを用いて、生産技術の確立に取り組んでいくという。

のちに詳細に記すが、ホンダは２０２４年1月にアメリカ・ラスベガスで開催されたＣＥＳ（コンシューマー エレクトロニクス ショー）で、新しいグローバルＢＥＶの「０シリーズ」を発表している。２０２６年に市場に投入されるというその最初のモデルは、ホンダがアメリカで合弁事業を立ち上げた韓国ＬＧ社製のリチウムイオンバッテリーを用いるとされるが、その後の展開としては、事によるとこの全固体電池が登場することもあるかもしれない。

過去ＢＥＶの壁にぶち当たった日本ならではの発想

そんな風に日本メーカーも、とりあえずハードウェアの面ではＢＥＶの時代進化に対応する、あるいはそれをリードするべく態勢は、しっかり整えてきているというのが本当のところだと言えるだろう。特に、ここまで記してきた内容を知れば、トヨタがＢＥＶへのシフトに消極的だなどとは言えない。

あるいは、ＢＥＶ導入で世界に先駆けた日本は、ある面では更に先を行っている部分もある。例えば、闇雲に航続距離の伸長だけを求めて、搭載バッテリー量を増やしていくという風潮とは明らかに一線を画しているのが日本メーカーである。

何しろリチウムイオンバッテリーには、主力である三元系の場合、ニッケル、コバルト、マンガンといった希少金属が大量に用いられており、それが高価格化の大きな要因となっている。しかも世界の自動車メーカーがＢＥＶ生産増に邁進したならば、価格は安くなるどころかますます高騰していきかねない。今でもＢＥＶは十分に高いのに。いや、まだそれだけの量を確保できればマシで、買い負けたメーカーは必要な量を確保できないことだって起こり得るのだ。

先に紹介したレクサスＬＦ－ＺＣは、航続距離１０００㎞を可能にすると書いた。もちろん、それは単にバッテリー搭載量を増やすだけでなく、各ユニットの効率性に磨きをかけ、空力特性を改善し、という様々な努力により実現しようとしているものだ。ただ、冷静に考えれば、本当に1000㎞もの航続距離が必要なのかと言えば、疑問に思わないではない。しかしながら中嶋裕樹副社長兼CTOはこう言うのだ。

「航続距離1000㎞って（開発陣が）言うから、そんなの売れへんと言ったんです。絶対にクルマは高くなりますし、航続距離500㎞の方が売れると。でも不思議なもので、1000㎞走るクルマを作って、見せて、やっと初めて『私は500㎞も走ればいいよ』って言うわけです。1000㎞ないと、700㎞走って欲しい、いややっぱり800㎞はないとって言われ続けてしまうんです」

ここで航続距離1000㎞を見せておく、技術的には十分に可能だということを見せておいて、初めて「そこまで要らないかな」という声が出てくる。BEVの航続距離、バッテリー搭載量の過当競争は、こうしてやっと終わりを見ることができるのかもしれない。本当にそうなれば、まさしくBEVでどこよりも先を行った国らしい成熟ぶりではないだろうか？

採るべき道はバッテリー容量拡大ばかりではない、という意味ではバッテリー交換式の

ＢＥＶも改めて真剣に検討されるべきだろう。これについては、トヨタ、いすゞ、日野、スズキ、ダイハツ（但し、２０２４年2月に脱退）が参画するＣＪＰＴ（コマーシャル・ジャパン・パートナーシップ・テクノロジーズ）とヤマト運輸の間で規格化、実用化に向けた検討が始まっている。一方でヤマト運輸はホンダとも「Mobile Power Pack e:（モバイルパワーパック イー）」と呼ばれる汎用交換式バッテリーを用いた軽ＢＥＶ「MEV-VAN Concept（エムイーブイバン コンセプト）」を用いた集配業務に於ける実証を、すでに開始している。

「軽自動車のライフタイムを考えると、２・３台分をひとつのバッテリーで賄えるんです。走行距離が短いから更に半分でいいとなれば、４・６台にひとつ。つまりバッテリー価格は４・６分の１になるわけです。発想を変えなければいけません」

こう言うのは中嶋裕樹副社長兼ＣＴＯ。まさにそうした発想は、ＢＥＶを一度使ってみて、そして壁に突き当たった日本だからこそ浮かぶものだと言えるのではないだろうか。

クルマ観の違いを乗り越えて

ハードウェアでは必ずしも後れを取っているわけではない。しかしながら実際に今、手に入るモデルに於いてＢＥＶのラインナップが手薄で、ニーズに応えられていないことも事実だ。やはりキーとなるのはハードウェアではなく、それこそデザインやインフォテインメントといった部分になる。2024年2月、トヨタ自動車の取締役副社長兼CFOの宮崎洋一氏は、こう話していた。

「これまでクルマ屋としてクルマを作ってきた中で、乗り心地や走る時のフィーリングでクルマを評価してきたが、中国では〝居心地〟というキーワードが重要です。その点で要望に寄り添いきれていなかったと思いますし、商品の改良が必要な部分だと認識しています」

つまり、すでに十分な認識は為されているということ。そして、おそらくはトヨタのことだから急ピッチでリカバーに向けて進んでいるのだろう。

ドライバー不足の時代に、BEVは解決策となるか

デザインやインフォテインメント等々とはまったく別次元の話としても、実はBEVへのシフトが求められている領域がある。BEVは単に動力源を電気モーターに置き換えるだけのものではなく、車体の大幅な刷新もセットで推し進めることが可能になる。そして、それは生産から出荷に至る工場の想像を超えるほどの自動化にも繋がる話なのだ。

改めて説明するまでもなく、少子化が進むこの日本では労働力の確保、あるいは少ない労働力での効率的な運用が特に今後、大きな課題となってくる。BEVへのシフトは、実はそれらにも大きな好影響を及ぼす可能性を秘めている。

まず、大きなポイントとなりそうなのが車両への新しいモジュール構造の採用だ。トヨタは次世代BEVで、車体をフロント、センター、リアの大きく3つのパートに分けて、そのうちのフロントとリアをギガキャストと呼ばれるアルミダイキャストの一体成形とし、主に乗員スペースとなるセンターパートは床下にバッテリーを敷き詰めるかたちを採る。

念のため記しておくと、一般的な乗用車のボディは鉄板をプレス成形した多くの部品を溶接で組み上げたモノコック構造を採用している。なんと言っても材料費が安く、バリエーション展開が容易で、大量生産しやすいのがそのメリットである。対するギガキャストは、何より圧倒的に部品点数が少なくなることから注目されている技術。実際、トヨタbZ4xでは86の部品で構成されている車体の後半部を、ギガキャストで作ると部品点数は1点になるという。1点である。生産はもちろん簡単ではないが、一方でこの圧倒的な工程数減は魅力だ。

ギガキャスト、新モジュール構造自体にも語るべき点は多いが、とりわけBEVシフトとの関連性で言えば、組み立てラインの自動化が可能になることが挙げられる。現在の一般的な自動車の生産ラインに使われるベルトコンベアに代わって、製造途中の車両を自走させる。内燃エンジン車では絶対不可能だが、BEVならば電気モーター、バッテリー、タイヤに無線端末さえ装備すれば、比較的容易に実現できる。

ベルトコンベアなどの搬送用設備が不要になれば、もちろん大幅なコスト削減になる。生産車両の変更などによるラインの大幅改変も、これまでは大型連休中などにしか取り掛かれなかったが、すぐに実行可能だ。工場投資は、これだけで数十億円の削減も可能とトヨタは見込んでいる。

将来的には更に、完成した車両の運搬も自走で済ませることができるようになるだろう。工場にて完成した車両は一旦作業場であるヤードへと運ばれ、そこからキャリアカーに積まれて日本中に、あるいは輸出港へと運ばれていくのだが、現在のところ工場からヤードに車両を運ぶ運搬員は、クルマをヤードの所定の場所に置いたあと歩いて戻って、またクルマに乗り込んで……というのを繰り返している。そして実は、キャリアカーのドライバーは、やはりヤード内を歩いて車両を取りに行き、1台ずつ積み込んではまた歩いて取りに行くというのを台数分行なっているのだ。彼らの1日に歩く距離は8㎞にもなるという。

その解決策はやはり自動化で、すでに2023年9月からヤードにあるクルマを持ち上げてキャリアカーへの積載場に運んでいくロボットの導入が進められている。将来、クルマがBEV化されれば、あるいはもちろん電気モーターで駆動できるハイブリッド車やPHEVでもいいのだが、これらの作業はすべて車両の自走で賄うことができるようになるはずだ。

クルマ云々も大事な話なのだが、現在の自動車業界、特にこうしたドライバー市場に於いては、高齢化、高い離職率、なり手不足が慢性的な問題となっている。しかもその解消を目指したドライバー労働時間短縮、いわゆる物流2024年問題も出てきた。ドライバーの負荷を低減し、安心して働ける場とすることは非常に大きな課題なのだ。BEVシフトは、実はそこに大いに貢献できるかもしれない。日本の自動車業界を考えるならば、これもまた留意しておく必要があるだろう。

第4章 初めてのJAPAN MOBILITY SHOW

東京モーターショーから、更に幅広く大規模に

大きな衝撃をもたらした上海モーターショーから約半年後の２０２３年10月、東京で新たなモーターショーが幕を開けた。１９５４年の初開催以来、実に46回続いた東京モーターショーに代わって新たに「ＪＡＰＡＮ ＭＯＢＩＬＩＴＹ ＳＨＯＷ（ジャパンモビリティショー）」がスタートしたのである。

それまでの東京モーターショーとの最大の違いは、自動車メーカー、その関連企業だけが集まるのではなく、その名の通りモビリティに何らかの関わりがある企業に幅広く門戸を開いたことにあると言っていいだろう。実際、ショーは家電、通信、各種スタートアップなどが集い、過去最高の約５００社が出展する国内最大級のイベントとなった。

主役が自動車であることには変わりはない。モビリティの中心が自動車なのだからそれは当然だろう。しかしながら、それでも関わる全産業が集結し、団結して日本を世界にアピールする。このことが強く意図されたショーとなったのだ。

当然ながら一番の注目点となったのは、上海モーターショーのショックを受けて、日本の自動車産業は、あるいはモビリティ産業はと言うべきだろうか、とにかくどのような発信ができたのかということである。もっと言うならば、負けない存在感を、アイディアを、

先を見る目を持っているとアピールできたのだろうか？

主催者プログラムの「シンボルコンテンツ」としてフィーチャーされたのが「Tokyo Future Tour」と名付けられた次世代モビリティによって実現する明るく楽しい未来を見せようという出展だ。まず触れるべきは、やはりこれだろう。

まず入場時に観せられることになる映像が、未来の東京を没入体験できると銘打たれた「Immersive Theater」。これは率直に言って没入できなかった。クルマが空を飛び、自動運転のクルマにドローンがフードをデリバリーしてきて、車内に居ながらライヴを楽しめる。ざっくり言えば、そんな未来の東京がアニメーションで描き出されたのだが、その景色はどれもすでにどこかで見た未来の寄せ集めという感じで、新鮮味に乏しかったのである。

思ったのは、制作陣は本当にここに描かれた未来にワクワクしていたのかということだ。SFだとしたら既視感しかないが、かといって実際の今とはあまりにかけ離れていてリアリティもない。そうではなく、ちゃんと今と地続きの、現実に萌芽の見えてきている技術を裏付けにした夢でないと、誰も〝掻き立てられない〟のではないだろうか？

一方、その先の出展は興味をそそられるものがいくつもあった。「LIFE」、「EMERGENCY」、「PLAY」、「FOOD」という4つのシーンでモビリティにより変化する未来を表現する「体験型コンテンツ」は、現実に開発が進んでいる技術がベースにあるだけにリアリティが感じられ、大きな夢ではないかもしれないが、明日が楽しみになる、そんな気がした。

　次世代モビリティを体験試乗できる「Personal Mobility Ride」も、体験型コンテンツとして同様に、未来への想像力を広げてくれるものだったと言える。但し、コンクリート剥き出しの会場にカーペットを敷き、柵やパイロンで作ったコースの中での試乗は、せっかくの体験を味気ないものにしてしまうなとも感じた。"Future"を感じさせるには、こうした設えまで、しっかり目配りが必要である。

レクサスLF-ZCが示すトヨタのBEV変革

　では肝心な、と言っていいだろう、自動車メーカーの出展はどうだったのか。全体を通じて感じたのは「モビリティショー」という言葉、位置づけの捉え方に、メーカーごとの違い、あるいは温度差が感じられたということだ。モビリティのショーと言われても、これまでのモーターショーと一体何を違えればいいのか。けれどあまりに未来志向の展示にしてしまうと、まさしくモーターショーとしてクルマを見に来る来場者の期待に応えられない。そうした手探り感は、ちらちらと垣間見えた。

もっとも深く感心したのは、個人的にはレクサスである。ブース全体というよりは1台のクルマ、コンセプトカーとして出展されていたレクサスLF－ZCに魅入られたと言うべきだろう。

第3章に書いた通り、このLF－ZCこそがトヨタ自動車（ブランドではなく会社として）が目下開発を進めている次世代BEVの技術、コンセプトを具体的なかたちにしたものである。フロントにエンジンを積まないBEVならではの、フードが極端に短く、低く、全高も抑えられたエクステリアデザインは、レクサスのアイデンティティを採り入れながらも新しく、未来的。端的に言って、これなら上海モーターショーにあっても違和感はなかったに違いない。

トヨタは、上海モーターショーでの衝撃を受けて大急ぎでこのクルマを用意したのだろうか？　いや、そうではない。振り返ると、すでに2023年2月13日、つまり上海モーターショーより

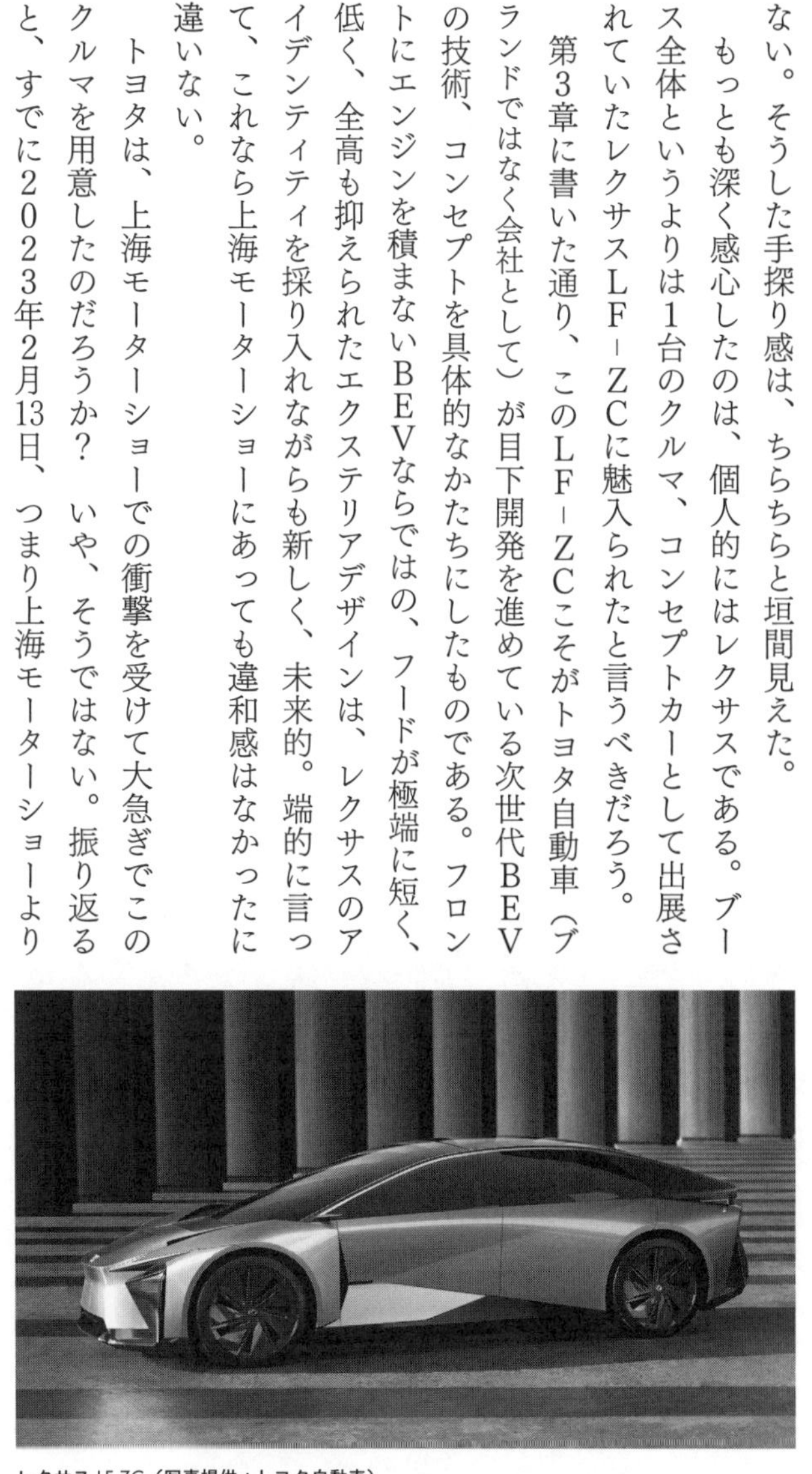

レクサスLF-ZC（写真提供：トヨタ自動車）

も前に行なわれた新体制記者会見にて佐藤恒治（当時は次期）社長の口から「2026年を目標に、電池やプラットフォーム、クルマのつくり方など、すべてをBEV最適で考えた『次世代のBEV』をレクサスブランドで開発してまいります」と、モビリティカンパニーへの変革を目指す中で、こうしたBEVの準備が進められていることが示唆されていた。

更に、5月10日に開催された2023年3月期決算説明会の場では、イメージスケッチが公開されている。今にして思えば、描かれているのは間違いなくこのLF-ZCのサイドビューである。


単純に先進的で、カッコいい。けれど、単に外見だけで目をひいたわけではない。このデザインは目標Cd値0・2以下という空気抵抗の小ささが目指されている。BEVの航続距離を伸ばすには、低速域では車両重量、高速域では空力性能がカギと言われており、徹底した開発が行なわれているようだ。

このボディは前後セクションをギガキャスト一体成形により作り出したもので、中央セクションの床下にバッテリーを敷き詰めている。ここに使われるのが次世代電池（パフォーマンス版）で、その空力性能、軽量化、車両効率や電池性能の向上なども相まってトータルで前述の通り航続距離1000㎞を実現しようとしているのである。

よくよく見ていくと、驚かされるのがその床の薄さだ。本当に、この中にバッテリーが収まっているのかと思ってしまうが、これはまさに前章で記した次世代バッテリー技術によって実現されている。出力密度が高まれば、バッテリーは容量を保ったまより小型にできる。薄型化ができれば、特に車両のパッケージング＝空間設計に大きなメリットをもたらす。スポーツカーは重心が低く空力性能にも優れたフォルムを描き出しやすくなり、乗用車は室内空間を拡大できる。商用車なら大容量の荷室を確保しやすいという具合で、そこにはメリットしかない。

「僕らは、まずカッコいいクルマが良くて、BEVの走行体験も好きなので、それならBEVのカッコいいクルマが欲しい。そのために今回のBEVで何をやったかと言えば、ダウンサイジングでした。すべての部品についてです。特に電池は薄く」

トヨタの副社長でありCTOの中嶋裕樹氏はそう言う。BEVのメリットを活かして、クルマをよりカッコよくするというわけだが、バッテリーを小さく、あるいは薄くするだけでは、そこには到達できない。中嶋氏が言うように、すべての部品を小型化する必要がある。

しかし、それは簡単なことではない。これまで使ってきたノウハウの蓄積された部品をモディファイを重ねながら使っていくのが、トヨタのカイゼンという文化。ガラリと刷新するには、それなりの大義名分が必要だ。実はここで役立ったのは、トヨタはBEVシフトに乗り遅れているという世界の論調だったというから面白い。

「これからBEVの時代なのにトヨタは遅れているという危機感が全社に広がっていたわけです。サプライヤーさんも同じ。そうしたことから、色々なしがらみがあるけれど、これはやらなきゃっていう風になったわけです」

単にBEVを作るというのではなく、こうして部品の小型化も大胆に進める。更には前述のギガキャストのような生産革新も同時に行なう。そのためにBEVファクトリーというワンリーダーの専任組織……さながら中国流だが……も立ち上げる。このしたたかな動きを見ていると、トヨタは決して遅れていたわけではなく、むしろ機が熟すのを待っていたのかと思わされてしまう。

更に、こうして様々な意味でのダウンサイジングが実現すれば、それはBEV以外のクルマにも波及することになる。バッテリー以外のコンポーネンツは、ハイブリッド車だろうがガソリン車だろうが同じように使うことができるのだから、BEVだけでなくすべてのモデルがデザインも、パッケージングも革新的な進化を遂げることが可能になるわけだ。

「そうすると本当の意味でのマルチパスウェイが実現できるわけです」

現時点ではマルチパスウェイと言っても、欲しいと思わせるBEVがないじゃないかと言われてしまうトヨタだが、このクルマの登場は大きな転換点になりそうだ。実際、トヨタブランドの出展にはスポーツカー、SUV、ピックアップトラック等々、ありとあらゆるジャンルのBEVのコンセプトカーが並んでいたのである。

AIを活用した次世代の運転体験

LF-ZCは、インテリアも先進感が濃厚だ。「Digitalized Intelligent Cockpit」と呼ばれるこの空間も、やはり単なるデザインの提案ではない。

もはや円形ではないステアリングホイールは、前輪と機械的に接続されておらず、操作を電気信号に置き換えて前輪の角度を制御するステアバイワイヤの採用により、何回転もぐるぐる回す必要がないからこそ実現したものだ。レクサスは、すでに販売中のBEV、レクサスRZでその開発を進めており、おそらく2024年中には市販車へも搭載する予定である。つまり、これは決して絵に描いた餅ではなく、実現を見据えた技術なのだ。

このステアリングホイール……円形ではないのでホイールと呼ぶべきではないかもしれないが……の左右に、各種の操作系をまとめたデジタルパッドが装備される。左側のパッドは主に運転にまつわる機能を、右側は空調、オーディオ、電話などインフォテインメント系をまとめて、直感的な操作を可能にするとしている。

実際にデモ機に触れてみたが、さすが最近は1日中、何かと言えばスマートフォンばかり触っているだけあって、操作にはすぐに慣れることができそうという感触を得た。しかも、その時には常に画面を注視している必要はない。更に、フロントウインドウには、ヘッドアップディスプレイと同じ原理の遠視点メーターが搭載されて、通常は限りなく路面から視線を外さないで済むように考えられている。

更に、操作系には次世代の音声認識技術が用いられるという。最新のＡＩを活用して、乗るたびにユーザーに合わせた最適なセッティングを更新していき、蓄積されたデータを活用した、パーソナライズされた運転体験を提供すると謳われているのだが、一体どういうことが起こるのか。

音声認識は、もはや当たり前の車載技術となりつつある。ちょっと前までは「エアコンの温度を1度上げて」などと指示する必要があったが、現在では「ちょっと寒いな」と言うだけで、クルマの側が判断してエアコンやシートヒーターの温度を調整してくれるものだって珍しくない。

LF－ZCでは、クルマが執事のようにユーザーの思いに応えてくれるという。顕在化しているニーズに寄り添った提案を行なうだけでなく、ユーザー自身が認識できていない潜在的なニーズまでも見出し、提案を行なうというのが、その執事たる所以(ゆえん)。想像するのは難しいが、いつも立ち寄るコーヒーショップに近づいた時に、そこに立ち寄ることを提案するというだけでなく、旅行先でも同じ系列のコーヒー店があったら教えてくれる、なんてことが起こるのだろうか？

ちなみに先日、メルセデス・ベンツの最新モデルの試乗を終えて帰宅している時、思わず「あぁ、疲れた」と口走ったら、突如インフォテインメントシステムとイルミネーションが赤く明滅し出し、ビートの効いた音楽とともにシートマッサージが作動して驚いたことがあった。メルセデス・ベンツ車が搭載するエナジャイジングコンフォート機能が、私の「あぁ、疲れた」という嘆きをコマンドに起動したのである。あるいは、こういうことも含まれるに違いない。

時に、お節介に感じられることもあるかもしれない。けれど、きっとそれもまたクルマの側で学習して、必要そうな時にだけユーザーの意図を汲んで提案をしてくるように、すぐになるのだろう。

一方、助手席側にはワイドタイプの大型モニターが配置される。こちらはオープンプラットフォーム対応として、各種エンターテインメント、アプリで楽しむことができるようにするということだ。

クルマの知能化がもたらすもの

こうした様々な車載機能を搭載し、しかもアップデートを重ねていったり機能追加を行なったりするなどしてユーザーに常に新鮮な車内体験をもたらしていく、いわゆるクルマの知能化は、現在の自動車業界のもっともホットなキーワードと言っていい。知能化、つまり肉体＝ハードウェアではなくソフトウェアによって進化していくクルマを「Software Defined Vehicle（ソフトウェア ディファインド ヴィークル（ＳＤＶ）」と呼ぶ。

ＯＴＡと呼ばれるオンラインによるアップデートでクルマを進化させていくという考え方を最初に採り入れたのはテスラである。ハードウェアには手を加えることなく、ソフトウェアによって新機能を実装する、あるいはトラブルに対処する。しかも、それをオンラインでというのは、つまりはスマートフォンなどと同じ方法だ。

　このSDVに於いてはテスラをはじめ海外メーカーが圧倒的に進んでいて、日本メーカーは時代についていけていないといった論調も目にするが、それはまさしくスマートフォンのようなIT機器に強いだけで、自動車を知らない人の見方と言うべきだろう。これらと自動車の一番大きな違いは、自動車が人の命を運んでいて、且つ他の誰かを傷つける可能性があるということである。

　オンラインで走行や安全に関わる機能までアップデート可能となれば、そこにミスがあってはいけないし、外部からのハッキングなどへの備えも必要になる。バグが出てもあとから修正すれば良いという考え方、ベータ版でまずは世間に体験してもらうという方法は通用しない。クルマが暴走して事故を起こして犠牲者が出てからソフトウェアにパッチを当てればいいというわけにはいかないのだ。

　もちろん、ハードウェア的にもSDVの考え方を始めから取り込んでおく必要がある。例えばステアリング、アクセル、ブレーキを別々のコンピューター、つまりECUで制御しているとしたら、自動運転用ソフトウェアのアップデートには、それぞれのプログラムの変更が必要になる。それはあまりに手間がかかるし、トラブルの可能性も高まってしまう。

求められるのは、中央集権的などと言われる統合型のシステムである。そして、それを制御する専用のOSによってコントロールすることがマストというわけで、現在多くの自動車メーカーが、まったく新しい車載OSと、それを搭載できる車両の開発に邁進している。トヨタのそれは「Arene（アリーン）」と言う。

実際にAreneは200以上の車両機能の操作を可能にするとされる。それをエンターテインメントの方向に使った一例が、LF－ZCに搭載された「Personalization of Motion」である。

これは車内のセンターコンソールにミニチュアカーを置くと、車両がその特性を示すようになるというシステム。例えばレクサスLFAを選ぶと、アクセルを踏み込んだ時の加速感、当然エンジンは積んでいないのでスピーカーから奏でられる疑似エンジン音に更には振動、そして車両の運動特性が、それとそっくりなものに変化する。電気モーターで走行するBEVは駆動力を四輪独立して統合制御できるし、前述のステアバイワイヤを使えば、ステアリングを切り込んだ時の鈍さ、鋭さも自在に変更できる。LFAの運転感覚を忠実に再現できるというわけだ。

もちろん、オリジナルのセッティングをクルマに施すことも可能になる。「もっとキビキビと反応するようにしたい」、「もっと快適性重視に」といった好みを反映できるということだ。しかも、それは車内でまずバーチャル空間でのeSportsを楽しみ、好みのセッティングを探していって、これだと思ったものが見つかったらOTAにより実際に車両に反映させるという流れで行なうことができる。

この例はあまり一般的な話ではないかもしれないが、クルマ好きにとってはとても興味深いものになるだろう。もちろん、新しい車載OSがもたらすものは、それだけにはとどまらない。

レクサスLF-ZLの価値提案

レクサスが出展していたもう1台、将来のフラッグシップカーの提案だという「LF-ZL」に搭載されていた「Interactive Reality in Motion」を、こちらもデモ機で試した。クルマを運転していると、外の風景の中に気になるものが現れる。例えば、先週通った時にはなかった新しいお店が開いているなんてことは、ままあるだろう。その時に、気になるものを指差すと、車載ディスプレイにそれについての情報が表示され、音声案内が行なわれる。もし興味を惹いたのが新しいレストランだったなら、音声で予約も可能になる。

敢えて指差しを求めるのは、運転中にあまり視線を移動させないためだ。また、単にお店検索というわけではなく、例えば自動駐車させる際の位置決めなどにも、使うことができる。サードパーティとの連携も視野に入っているというから、表示される情報は、よりユーザー一人ひとりに向けてカスタマイズされたものになるだろう。

こうした機能は、もちろん携帯電話でもある程度は可能なことではある。しかしながら車載システム化されれば、運転中にも問題なく使うことができる、というか、そのような仕様を目指して上記のようにインターフェイスが開発されている。更に、クルマは言うまでもなくモビリティなわけで、その場所に直接行くことができるし、見知らぬ土地でも興味のありそうなところに導いてくれもする。なんならクルマ以外のモビリティでの移動についても、飛行機、船などとのシームレスな連動まで提案し、サポートするということまで視野に入っているようだ。

モビリティは自由な移動のための道具だが、移動したい先を見つけるのは、これまではユーザーの仕事だった。あるいはまさにスマートフォンなどクルマ以外のアイテムを使う必要があった。しかしながら、こうしたかたちのクルマは自由な移動を可能にし、その行き先を見つけることまで、パートナーとしてサポートしてくれるようになる。今までバラバラだった移動にまつわる価値を連結することで、高い価値を生み出す。しかも、そのハブとなるクルマの価値を高めるというわけである。

別に、スマートフォンがあればそんな機能をクルマに実装する必要はないのでは？　そう考える人も居るかもしれない。しかしながら問題は今、クルマには沢山の情報が集まってきているにもかかわらず、ドライバーがそれを活用できる手段は非常に限られているということだ。改めて言うまでもなく、運転中の携帯電話の使用は法律で禁じられていて、使えるのはハンズフリー通話やデータの音声読み上げなどの手段に限られる。メール、電話、メッセージに、地図やその中に埋め込まれたスポットの情報等々を、運転しながら活かせるようにするためには、オペレーションの仕方を再考する必要がある。

「この手の話では、ディスプレイの大きさがひとつの指標になりますよね。確かに、それは新しい体験価値に繋がる可能性はあるんだけれど、問題は走行中、これらを操作できるのは主にパッセンジャー（乗員）で、ドライバーは使えないということです」

これは5月に、トヨタ自動車のCBO（チーフ・ブランディング・オフィサー）であるサイモン・ハンフリーズ氏との会話の中で出てきた言葉である。実はこの時から、ジャパンモビリティショーで披露するクルマは、実はインテリアがキーなのだとハンフリーズ氏は話していたのだ。

ＬＦ－ＺＬはあくまで提案とのことだが、ＬＦ－ＺＣについてはこれにきわめて近いかたちで２０２６年に市販車が登場するとされる。もちろん、グローバルで販売されることになるわけだが、とりわけ中国市場でどう受け止められるのかは興味深い。彼の地のユーザーの〝居心地〟というニーズにどれだけマッチするのか。あるいは2年もあれば、すぐに同じようなものが生み出されてしまうだろうと考えれば、実はまだ見せていない手がどれだけあるのかも重要なところかもしれない。

実現可能な未来の航路を示してほしい

レクサス、トヨタの展示は、こうして背景にある技術、モノづくりなどについて事前に知る機会があったことも相まって、とても興味深く見ることができた。まだコンセプトカーに過ぎないとは言え、しっかり未来は垣間見えたように思う。但し実際のところ、ブースで大人気、見るためだけに長い列ができていたのは、話題の新型センチュリーだったりしたことも事実なのだが。

それとはまた違った視点で楽しめたのがホンダである。今回のショーは、モーターショーからモビリティショーへと転換を遂げたわけだが、そもそもホンダは二輪から始まり、四輪、汎用機、更には海から空まで手掛け、将来的には宇宙をも見据える、まさしくモビリティカンパニー。しっくり来ないわけがない。

将来の市販を見据えたBEVなどもあったが、自動運転タクシー専用車両だったり、新たな空のモビリティと言われるeVTOL（電動垂直離着陸機）があったりする一方で、遠隔からの操作でも、それこそ救急救命などの高精度な作業ができるというアバターロボットもある。正直、こうした面白い提案は多いもののなかなか実用化に漕ぎ着けられないのがホンダというイメージもなくはないが、ホンダジェットのような例もある。これは中国には簡単には真似できない分野のはずだ。

一方で〝それじゃない感〟に思わず項垂（うなだ）れてしまったのが日産である。今回、事前には5台のコンセプトカーの存在が明らかにされたが、リアルに展示されたのは3台。そのうちの「ニッサン ハイパーフォース」は、CFRP（炭素繊維強化プラスチック）を活用して作られた軽量な車体に、合計1000kW（1360PS）というハイパワーをもたらす電気モーターを組み合わせたモデル。専用ヘルメットをかぶれば、停車中にはクルマをゲームシミュレーターとして使用できる一方、実際のサーキット走行では、AR（拡張現実）を使って、プロドライバーなどのゴーストと競いながら走ることができる、などとする。

見た目は間違いなく、現行のGT－Rをモチーフにしたもの。日産はそうは言っていないが、誰もがBEV時代のGT－Rを想起するものだ。フロントのエンブレムも、遠目にはまさにそれ。演出は上手い。今のGT－Rがデビューしたのは2007年。そろそろ次の提案が見たい頃でもある。

しかしながら出て来たのは1000kWの大出力と、今までにないコーナリング性能が自慢のBEVと言われても、正直言って萌えるものはない。2007年にはまだパワーはあるだけスゴかった、偉かったかもしれないが、今は2024年である。もしこのクルマが市販化されるとしたら、更にあと数年は先だろう。その時にも、まだスポーツカーに求めるものは、大パワーと速いコーナリング〝だけ〟だろうか？

すでに現実のスポーツカーも、パワー競争は頭打ちになっている。誰も容易に使いきれないほどのパワーは、スペック表を賑やかすにはいいが、運転の喜びには繋がっていない。それをもうユーザーは皆、知っている。

挙げ句の果てに車室内でバーチャルでゲームシミュレーターを楽しめるというのだ。冗談としてもあまりに面白くない。

２００７年のGT－Rは、それまで一部の、それこそ2倍も3倍もする価格のスーパースポーツカーでしか見ることのできなかった世界を、多くのファンに開放したという意味で、間違いなくスポーツカーの歴史に爪痕を残した。しかしハイパーフォースには、そうした提案性が乏しく感じられてしまう。

速さを増していく分、電子制御が高度化していき、結果としてますます乖離していく肉体性を、スポーツカーがどう取り戻すのか。そんな提案を、まさしくGT－Rを生み出した日産こそがしてくれたら興味が湧いたかもしれない。

もう1台、プレミアムEVミニバンを謳うのが「ニッサン ハイパーツアラー」だ。こちらも、いかにもコンセプトカーらしく現実味の薄い、日本の伝統美を表現したというデザインの向こうに、何となくエルグランドの匂いがする。エルグランドも、やはり次期型が待たれ続けてきた存在である。

完全自動運転モードでは前席と後席が向かい合わせになって座れる、広大なスペースを持つモノスペースの車体は、様々な部品の小型化と、全固体電池の組み合わせによって実現されるとのこと。実際の技術開発の方向性は案外、トヨタと変わらないのかもしれないと推測できる。

引っ掛かったのは、こうした自動運転を可能にして、その際にはステアリングホイールが格納され、前席が後ろを向いているというコンセプトである。一体何年前から我々は、こうした未来像を見せられ続けてきただろうか。正直、2023年にこれを見るのは、まったく新鮮味がなかった。

それこそ10年前には、2020年頃までには自動運転が可能になると、どの自動車メーカーも喧伝していた。しかしながら今になっても、そうした未来は到来しておらず、それどころか誰もが、実現にはまだ相当な時間を要するということを知っている。遠のいたとは言わないが、近づくほど道は険しくなってきている。

そうだというのに、あの頃と同じような提案というのは、あまりにリアリティを欠きはしないだろうか。逆にこれでは、未来への希望は見出しにくい。来なかった未来をいつまでも追うのではなく、それに代わるリアルな今、そしてそれに基づいた新たな海図を示してこそ、却って本当の未来志向なのではないだろうか。

端的に示された分かりやすい例として、申し訳ないけれど日産の2台を引用させていただいたが、まだまだ多くのメーカー、サプライヤーが、こうした所にとどまっているように感じられたのは事実である。それこそ上海モーターショーが世界中を震撼させたのは、彼らの示す眩しいほどの未来が、すぐにでも実現可能だったり、あるいは本当に実現されていたからなのだ。

ソニー・ホンダモビリティのソフトウェア

ソニー・ホンダモビリティ（以下〝SHM〟）についても触れておこう。2022年9月に発足してから、わずか3ヶ月後の2023年1月に開催されたCESで、新BEVブランド「AFEELA（アフィーラ）」がお披露目された。私はこの時には立ち会うことはできなかったのだが、嬉しいことにアフィーラはジャパンモビリティーショー2023に出展。ようやく待望の対面を果たすことができた。

CESで発表されたのと同じプロトタイプ車両は、宇宙船をイメージしたということで表面のつるんとした、比較的シンプルな

アフィーラ 2024 プロトタイプ（写真提供：ソニー・ホンダモビリティ）

デザインとされる。率直に言ってあまり冒険してはおらず、手堅くまとめられたという印象を持った。

特徴は、車体前方に備わるメディアバー。ここには充電状況などのクルマの様々な情報、そして意思を外部に伝える役割を持つ。室内に入ると、前方には横長で、映画やゲームなどのコンテンツが楽しめるパノラミックスクリーンが広がる。オーディオも凝っていて、シートにもスピーカーが内蔵されていた。

走る、曲がる、止まるといった部分についてはBEVだということ以外、声高にアナウンスされている要素は多くはない。しかしながら、アフィーラにとってそれはあまり問題ではないのだろう。重視されているのは、やはりと言おうかソフトウェアである。

アフィーラはSDVを標榜し、しかも車載情報をソフトウェア開発者に向けて可能な限りオープン化すると表明している。彼らの知見、アイディアを募り、アプリケーションを開発してもらって、それによってクルマの価値を高めようというわけだ。

ソニーの面白いところは、巨大なコンテンツホルダーだというだけでなく、コンテンツを生み出す側のソリューションも豊富だということである。何しろカメラや録音機材の超一流メーカーでもあるのだから。そうしたすべてをコンテンツベンダーに活かしてもらい、モビリティの世界に彩りを加えていく。そういう発想である。

そうした背景からアフィーラは、ハードウェアも強力なものを搭載している。この時点で明らかにされただけでも、実に45個のカメラ／センサーを搭載し、それらをクアルコム・テクノロジーズ社のSnapdragon Digitals Chassisで制御する。室内のグラフィック表示にはUnreal Engineを用いるといった具合だ。

SDVについてよく言われるのは、ソフトウェアの先の進化まで見通した時に、最初から高度なハードウェアが備わっていないと結局そこがボトルネックになってしまうということである。一方で、まだ使えるわけでもない性能を予め盛り込んでおくということは、コスト的には不利になるのだが、アフィーラとして今、優先するべきはそちらということだろう。

今や、世界中の自動車メーカーがSDVという言葉の下、ソフトウェア重視の姿勢を採る。その中で、ユーザー数で見れば圧倒的な少数派となるであろうアフィーラが、ソフトウェア開発者を惹き付けるための武器として開発者にとって自由度が高い、理想を実現しやすいプラットフォームが求められたのだ。ビジネス的にはそれほどでもないが、クリエイター的には刺激される。そんな人たちが集まるならば、確かに面白いことができそうな気がするが、しかしマニアックに行き過ぎるかもしれない、という危惧もある。さて、どうなるか？

気になるポイントとして挙げられるのが、まずはその強力なハードウェアを用いて行なう表現の幅が限られて見えることだ。前記のメディアバーや室内のパノラミックスクリーンの表示、走行時に付け足されるサウンドやナビ地図上の独自情報だけでは、アウトプット先として、少々弱い。それこそ車内でゲームをやろうという時に、ちまちまとした画面でやりたくはないだろう。映画を観るのも然り。フロントウインドウがまるごとディスプレイになっているとか、後席用には40インチモニターがあるとか、そのぐらいやってくれてもいい。あるいはヘッドセット型などのウェアラブルデバイスがいいのかもしれないが、せっかくの密閉された空間であるクルマが、それではちょっともったいない。

もうひとつはホンダの顔があまり見えてこないということである。ここまでの話は、ほとんどソニーがモビリティの世界で実現したいことであって、ホンダがソニーと組んで何をしたいのか、何ができるのかという話はほとんど出てこない。このままでは、ホンダは単に車体の開発、提供を行なうだけになってしまうのでは？　なんてことも囁かれ始めたが、実はこれについては２０２４年１月のＣＥＳにてクリアになってくる。詳しくは次章にて述べることとしたい。

日本が自動車成熟国として目指すべきもの

上海モーターショーから約半年を置いて開催されたジャパンモビリティーショー2023の評価は難しい。レクサス、トヨタのように、日本も負けていないじゃないかと嬉しくさせてくれるものもあれば、Immersive Theaterや日産のように、そうじゃないんだけどなと嘆かせたものもあった。トータルで語るよりは、今回はこうした個々で見て判断するべきだろう。

それもこれも、まだ長年続いた東京モーターショーから改められての第1回ということで、モビリティと言っても一体何を見せればいいのかという理解が統一しきれていなかったということが要因としては大きそうだ。もちろん、危機意識の差みたいなものもあるだろう。

おそらく今回やってみて、皆が「ジャパンモビリティーショーとは、こういう催しなのか」という勘所を、しっかり押さえたのではないかと思う。次はもっと足並みが揃うのではないかと前向きに考えたい。

いや、本音としてはまた2年後になどと言ってる場合ではないんじゃないかという気もしている。今回得られた知見や教訓をスポイルすることなく次へと繋いでいくためにはジャパンモビリティーショー、毎年開催を検討してもいいのではないだろうか。
もちろん同じような内容のショーをというのは難しいだろうし、面白くはない。例えば、今回開催された、モビリティの各領域のプロたちが語り合う「ジャパンフューチャーセッション」を、もっと規模を広げて世界の自動車の叡智が集まるアカデミックなものにしてはどうかというのは、私が以前から提案していることである。市場としての日本に価値を見出さなかったとしても、このセッションがあるからという理由で、世界中の各社がトップやエンジニアを派遣せざるを得ない、モビリティの未来を世界で考える場にするというわけだ。自動車界のサミットかダボス会議か、というところである。

それも含めて、今後もっと大事になってくるのは、途中でも記したように現実と未来のうまい落とし所とでも言うところをしっかり見せていくことではないだろうか。上海モーターショーは、言ってみれば壮大な夢をクルマというかたちにして見せることで、現実にグッと引き寄せていたように思う。クルマそのものが未来を体現していたのだ。

一方で日本をはじめとする自動車成熟国とでも言える国のショーでは、そうした言わば荒唐無稽な夢ではなく、未来への希望を、想像力を、信じて進んでいけば現実になると実感させながら見せていくことこそ必要なのではないだろうか。言うなれば、地に足のついたモビリティの未来を。

第5章 CES取材で見えてきたもの

自動車業界にとっても重要なCES

2024年の年明け早々の1月7日に羽田を発つフライトで向かった先は、アメリカはラスベガス。観光地としてはオフシーズンと言っていい、この時期のラスベガスで毎年開催されているCESは、世界最大級の規模を誇る電子・情報機器の業界向け見本市である。

元々CESは、その名の通り最新の家電製品などがお披露目される場だった。かつてCDプレイヤーやDVDなどが世界に向けて発表されたのも、このCESである。実際のところ今でもその位置づけには変わりはなく、2024年のショーでは何と言ってもLGが透明、つまりは画面の向こうに奥の景色が透けて見える巻き取り式の有機ELテレビである〝LG SIGNATURE OLED T〟を発表したのがハイライトだったと言っていいだろう。正直、直接の取材対象ではなかったのだが、もっとも圧倒され、引き込まれてしまったのは、コレだったと言っていい。

そんなCESの様相に変化が出始めたのは2010年代に入ってしばらくしてのことだった。いや、正確に言えば自動車業界にとってCESという催しが重要なものになってきたのは、この頃からだとするべきだろう。クルマが電動化し、知能化し、コネクテッドされ、自動運転までも視野に入ってきて、まさに情報機器としての部分が強くフィーチャーされてきたこの頃から自動車業界がＣＥＳに注目し、多くのメーカーが出展し、またこの前後にワークショップを開くなどし始めたのだ。

私自身が、ＣＥＳに初めて取材のために赴いたのはおそらく２０１７年だったと記憶している。ちょうど「ＣＥＳのモーターショー化」などと騒がれ出した頃で、屋外の駐車場を区切った自動運転技術搭載車のデモンストレーション用コースが初めて設置されたのも、まさにこの年だった。日本メーカーではトヨタ、日産、ホンダの各社が、ドライバーとの対話を可能にし、あるいは感情を理解するなどの車載ＡＩ技術をアピールしていたのが強く記憶に残っている。

それから２０１９年までは連続で訪れていたのだが、その後は新型コロナウイルス感染症の蔓延などもあってしばらくご無沙汰だった。しかしながら２０２３年、ここでＳＨＭがアフィーラのコンセプトカー第１弾をお披露目したのを逃したことで、次回こそは行かねばと、まだ２０２４年のＳＨＭの予定など出ていない１年前の時点で、すでにフライトを押さえてあったのである。

そんなわけで主目的は、すでに前年のジャパンモビリティーショー２０２３で日本でのお披露目を済ませていたアフィーラのその次の展開を取材することだったのだが、２０２

3年の年末になって何とホンダがCES 2024で次期型BEVシリーズを発表することを明らかにした。これはますます面白いことになりそうだと、勇んで出掛けたのだ。

会場となるのはラスベガス コンベンション アンド ワールド トレード センター（LVCC）。滞在しているホテルからはUberで向かったが、目指す北館が遠目に見えてくる頃には渋滞でクルマがまったく前に進まなくなってしまった。諦めてクルマを停めてもらったのは、西館のエントランスまでもう少しという辺り。実は2022年よりCESは、年々増加してきた自動車やそれに関連する展示の多くをこの西館に移しており、実際に多くのメーカー、サプライヤーがこちらに出展していたのだが、ホンダがブースを構えているのは従来通りの北館である。さて、どうするか。

歩いても20分ちょっとで着く距離ではあるが、クルマを降りたのはちょうど〝VEGAS LOOP〟の乗り場の前だった。これを使わない手はない。

VEGAS LOOPとは要するに地下トンネルで、西館と中央館、そして南館の間を結んでいる。もちろん徒歩ではなく、いわゆる動く歩道のようなものでもない。実はトンネルの中を、用意された100台とも言われるテスラのBEVが走行している。乗り場で来場者がクルマに乗り込み、３人に達すると発進。そして、クルマがちょうど1台通れるくらいの白壁のトンネルに入っていって、数分のドライブで目的地まで運んでくれるというわけだ。

白いトンネルは微妙に左右にうねっていて、しかも赤や青の光に照らされている。未来的と言うにはちゃちだが、まあそういう雰囲気にしようとしているのは分かる。テスラ車に、居合わせた来場者が乗り合わせてそこを走っていくわけだが、残念ながらクルマは自動運転ではなくドライバーが操っている。よって定員は他のシートの分の合計で３人というわけである。

速度は時速40マイル（約64㎞／h）が上限。将来的には自動運転にすると言われているが、確かにルートは完全に固定で、対向車も来ないだけに、自動運転は比較的実現しやすいだろう。停車場の空いたスロットを探してクルマを停めて、ユーザーを降ろして、また乗車させて走り出すというプロセスの自動化の方が難易度が高そうだ。

このＶＥＧＡＳ ＬＯＯＰを発注したのはラスベガス コンベンション アンド ヴィジターズ オーソリティ（ＬＶＣＶＡ）、要するにラスベガス観光局である。地域の開発、ブランディング、ＣＥＳのようなコンベンション、トレードショーの他にスポーツイベントなどを手掛け、更には空港、航空会社等々、運輸関係省庁などとの連携による交通や移動手段の整備などによって、ラスベガスの観光地、商業都市としての価値を高めることがその役割となる。

そして、そのLVCVAにVEGAS LOOPを提案、そして2019年3月に受注したのは、かねてから地下トンネルによる大量輸送システム、ハイパーループを提唱してきたThe Boring Companyである。まさにその名の通りのトンネル切削会社を率いるのは、テスラCEOでもあるイーロン・マスク氏。なるほど、走っているのがテスラ車なのも納得だ。

実際には2019年11月に工事が始まり、2020年5月にはふたつのトンネルが完成。2021年1月のCESで開業予定だったが、新型コロナウイルス感染症の影響でこの年のCESはオンライン開催となり、開業は結局6月になった。そして2022年6月には、西館脇のウェストステーションから更に延伸され、ラスベガス・ブールバードの向こうのリゾート ワールド ラスベガスまで接続している。

しかしながら彼らの思惑はこれだけにはとどまらない。The Boring Companyは2022年6月にVEGAS LOOPの拡張がラスベガス市当局に承認されたことを明らかにしている。計画によれば、現在の全長2・7㎞のトンネルは49㎞にまで延伸される。北は老舗のプラザ ホテル&カジノなどがあるダウンタウン周辺から、ラスベガス・ストリップを通って、南は空港周辺まで、主要なホテルやコンベンションセンター、スポーツ施設に空港ターミナルなど計51ヶ所のステーションを経由することになる。

The Boring Companyのウェブサイトを見ると、トップページには会社のミッションとして「交通渋滞を解決し、点と点の素早い移動を可能にし、街を変革する」と高らかに宣言されている。そしてトンネルという手段を選んだのは「魂を破壊する渋滞という問題を解決するには、道路の3D化が必要。空飛ぶクルマかトンネルか。しかしトンネルなら天候に左右されず、視界に入らず、墜落することもない」からだと謳っているのだ。魂を破壊するという表現、イーロン・マスク氏らしい。

但し、ここに来てVEGAS LOOPには、採掘時の安全基準違反などが報道されている。計画も、まだ計画のままというところが多く、実際の開通見込みは未定。将来は未知数だということは付け加えておく。

日本のショーが学ぶべきポイント

2023年10月に初開催されたジャパンモビリティーショー、更には2019年10月の〝最後の〟東京モーターショーを振り返ると、ショーの主題としてまさに新しい時代のモビリティの行方が語られる一方で、会場周辺のアクセスの悪さが取り沙汰されるという皮肉な状況となっていた。公式サイトのFAQ欄にはこうある。

「（駐車場の）駐車可能台数が大幅に減少しております。そのため～中略～大変な混雑が予想されます。公共交通機関のご利用を強くお勧め致します。なお、駐車場と会場を結ぶシャトルバスの運行はございません。」

要するに、クルマを中心としたモビリティのショーなのにクルマでは来ないでほしい。もしクルマで来ても、会場までは自力でどうぞというわけだが、かと言って公共交通で行くと、これまた大混雑に見舞われることになる。

2019年の東京モーターショーは会場が青海と有明に分かれていて、その間をOPEN ROADと名付けられた約1・5㎞の回廊で繋ぐかたちとされていた。スーパーカーや〝痛車〟など各種の展示、小型モビリティの試乗体験、更にはグルメコーナーなどが用意されていたため晴れの日は散歩がてら歩いて楽しめたのだが、雨になるとこれはちょっと厳しい。実際、会期中には雨天も少なくなかった。

そうなると会場間移動は無料シャトルバス、もしくはゆりかもめやりんかい線を使わざるを得ないのだが、特に無料シャトルバスは乗車まで何十分も待たされる上に導線が悪く、そもそもどこで待てばいいのか分かりにくいといったトラブルを生むことにもなってしまっていた。

とは言え、主催の日本自動車工業会を責めたいわけではない。とりわけ2019年は見込み違いなどもあるにはあったのだろうが、バス待ちに長蛇の列ができており導線も良くないという問題が露呈するやバスの増便、スタッフの増員などの対策が迅速に行なわれて、これまでの我が国ではあまり見られなかったそのスピード感に、軽く感動したことを今も覚えている。


むしろ課題は、まず東京にはジャパンモビリティーショー級の大きなイベントを行なうに相応しいコンベンションセンターが存在しないことかもしれない。サイズもそうだしロケーション、移動のしやすさ、あるいは周辺のホテルの整備等々も含めて、日本最大級の東京ビッグサイトでも、もはや世界基準では……という話である。

更に言えば、東京都はこうした大きなイベントの開催、運営について、それこそLVCVAがしているような包括的、俯瞰的な関与をできる体制を構築していく必要があるのではないだろうか。観光部はあるが、例えば2024年3月末に開催されたフォーミュラE世界選手権は、「『未来の東京』戦略」事業として、産業労働局産業・エネルギー政策部計画課が担当している。LVCVAも日本での呼称では観光局となるが、話は〝観光〟にとどまるところではないという意味で言っても、また国際的な価値を高めていくという観点でも、より大きな画を描ける体制が必要なように思われる。

将来のジャパンモビリティーショーについて考えるならば、やはり導線の改善は継続的に行なわれていくべきだろう。まず駐車場の拡充はマストである。とは言っても、東京ビッグサイトを会場とするならば、周辺にそんな場所がないのは事実。それならば、ある程度離れた場所でも構わないのでとにかくスペースを確保して、そこからはパーク&ライド形式でシャトルなどを運用すればいいだろう。

もちろん、そのシャトルは最先端のものであるべきだ。ドライバーレスの自動運転で運行される燃料電池バスはどうだろう。とは言え、それだけでは車いす使用者の乗り降りの利便性など課題も残るが、それはイコール今の社会全体が抱える問題であり、ジャパンモビリティーショーのような機会がそれに対するモビリティカンパニーによる、行政までしっかり巻き込んだ有効な対策を打ち出す場になればいい。

あるいは距離によっては、個々の移動の助けとなる超小型モビリティ、あるいはパーソナルモビリティなどと呼ばれるものによって会場まで移動できるようにしてもいいだろう。もっとも電動キックボードの公道上での危険な振る舞いなどを見るに、あるいは特区として走行可能な車線区分を厳密にするなどしないと、却ってトラブルに繋がってしまうかもしれないが、それも含めて実証実験を兼ねて、でもいいかもしれない。

いずれにしても、ここには今後更に問題が顕在化してくるであろうラストワンマイルの移動手段の確保など、モビリティの今後について考え、そして新たなアイディアに繋げていく可能性も秘められているのは間違いない。少なくとも、空を飛んだり誰かと繋がったりみたいなモビリティの未来の理想像を観たあとに、公共交通に乗るための長い列に並ぶだなんて、笑うに笑えないというものである。

1967年に第1回が開催されたCESにもそれなりに長い歴史があるが、まさに当初の家電ショーから、今や情報やモビリティの未来を示す場へと変貌して今に至る。そして、その過程でVEGAS LOOPを採り入れ、街全体を巻き込む進化を続けているのだ。ジャパンモビリティーショーにも、まだまだやれることがある。その出展を見る前に、まずはそんなことを強く思わされたのだ。

やっと見えたホンダのＢＥＶ戦略

前述の通り、２０２２年から自動車メーカーの多くは西館に移動している中で、ホンダのブースは北館にあった。ＶＥＧＡＳ ＬＯＯＰでサウスステーションに到着して、そのまま中央館エントランスへ。連結されている北館に入ると、程なくしてブースに到着した。

ホンダのＣＥＳ出展は２０２０年以来4年ぶり。しばらく出ていなかったメーカーは、毎年参加のブランドのようには良い場所をもらえなかったといったこともまことしやかに言われていたが、ブース自体は非常に立派に設えられたもので、存在感は十分にあった。他の多くの出展社のように、明るいブースの中、多数のアイテムに説明用のボードなどが並ぶのではなく、黒基調のブースにはシンプルにステージのみ。左右に置かれた2台のクルマは、まだヴェールを被っている。また、これは偶然だろうが、中央館にあるＳＨＭのブースからも歩いて5～10分程度で移動できる距離だったので、結果的に両ブース間を何往復もすることになった今回の取材には、却って都合が良かった。

プレスカンファレンスは、映像が流れたのちにアメリカン・ホンダのジェニファー・トーマス副社長がスピーチ。そしてその紹介で登場した三部社長がコンセプトを説明したあと、壇上左右にあった2台のコンセプトカーのアンヴェールが行なわれた。世界初披露されたのはグローバル展開される次世代BEVのコンセプトモデル「Honda 0シリーズ」である。

率直に言って、ホンダのBEV戦略はこれまで今ひとつ全体像もしくは将来像がクリアに見えてきていなかった。市場に於ける存在感も、日本ではゼロに近いと言っていいほどだし、グローバルで見てもそれほど違いはないだろう。

2021年4月1日付で就任した三部敏弘社長は、直後の4月23日に行なった就任記者会見で、2050年のカーボンニュートラル実現を目指したきわめて大胆な施策を発表した。2040年には内燃エンジンを使ったクルマの販売をすべて終了してグローバルで100%BEV/FCEV化を達成する。その過程で2030年には先進国トータルでBEV/FCEV比率を40%に、そして2035年には80%に引き上げるというのが、そのあらましだ。

何しろホンダと言えば、バタバタというニックネームで親しまれたという、自転車に装着する補助エンジンで世に出て以来、まさにその内燃エンジン技術で名を成した会社である。社外だけでなく社内まで誰もが「エンジンのホンダ」と思っている、その会社がエンジンを捨てると発表したのだから、インパクトは大きかった。

そうした数字的には電動化にもっとも前のめりに見えるホンダだが、現時点でのBEVのセールスは国内外問わずまだまだきわめて少なく、商品ラインナップも貧弱だ。しかも、あれからもう3年が経ったのに、それを具体的にどのように実現しようとしているのかが明確に示されてこなかった。そもそも三部社長はメディアに出るのがあまりお好きでないのかもしれないが、トップの思いが世に伝わってこないこともあり、どうやって約19年で100%まで持っていくのかと、誰もが訝(いぶか)しく見ていたはずだ。それだけに今回の0シリーズの発表は、個人的には「ようやく」と言いたいものだったのだ。

その発表資料の中でホンダは、世界のBEV市場では、ヨーロッパ、日本の既存の自動車メーカーの多くはまず内燃エンジンを積む市販モデルをベースとするBEVを市場に投入し、現在は多くの場合、それに続いて投入されたBEV専用プラットフォームを使ったモデルで戦っていると定義している。そして、これが2030年くらいまで使われ続ける一方で、2025〜2030年の間には各社、次世代BEV専用プラットフォームによる競争力の高いBEVを展開していくというのが、今後の読みだ。

一方、ホンダの場合は少々違う道程を辿ってきた。これまでは地域ベストの電動化戦略と称して、それぞれの地域専用のBEVを投入してきたのだ。

量販を狙ってヨーロッパ、そして日本を中心とする市場に投入されたBEVは専用設計モデルとして2020年に発売されたホンダe。しかし結果として販売は振るわず、2024年1月に生産を終了している。ヨーロッパでの販売台数はトータル約1万1000台だったといい、つまり年間1万台という計画台数の3分の1にしか満たなかったことになる。国内でも、約3年間での累計登録台数は1800台ほどと、年間1000台という控えめな計画値にも遠く及ばなかった。

ヨーロッパ市場については後述するとして、日本では今後のBEV戦略をどうするのか。これについては、すでに概要が発表されている。2024年に投入を予定しているのは軽商用車のN－VANのBEV版となる「N-VAN e:」。更に、2025年には軽乗用車N－ONEをベースとするBEVが、そして2026年には2機種の小型BEVが発売される計画である。ホンダeのコンセプトを引き継いで、BEVはあくまでシティコミューター、要するに短距離を走るための小型なクルマがベストという考えと言えるだろう。走行距離を欲張らなければバッテリー搭載量が少なくて済み、クルマは小さく軽くできるし、そういう使い方ならば充電所要時間もいずれにせよ短くなる。そして何よりコストが下げられるからである。

中でも主にルート配送など、距離の短いほぼ決まった範囲のルートを走行することの多い軽商用車は、BEV化に最適だ。長距離走行についてはほぼ心配しなくていいし、静かで力強い走りはドライバーにとって有り難い。そして何よりローカルでのゼロエミッションは街で大いに歓迎されるだろう。

軽BEVについては、すでに日産サクラという成功例があり、ある程度マーケットの存在が読めているというのも、参入の要因だろう。特に商用車の分野では、CJPTも2023年5月のG7広島サミットの際に、開発中のBEV商用軽バンを発表している。開発を主導していたダイハツ工業は認証不正に鑑みてCJPTを脱退しているが、このプロジェクトについてはスズキ、トヨタとの連携で引き続き役割を担っていくとのことである。

サクラは良くも悪くも内外装が立派過ぎると個人的には思っている。もちろん、車両価格がどうしても高くなることを考えれば、それなりの見映えにしておかなければならないということも理解はできるのだが、軽自動車の本分と言うべき簡便な移動の道具に徹したモデルがあってこそ、本格普及に繋がるのではないかと考えるからだ。さてホンダの軽BEVは、特にN－ONEベースのモデルはどんな仕上がりとなるだろうか。

中国では2022年に東風ホンダの「e:NS1」、広汽ホンダの「e:NP1」が、いずれも量販モデルとして市場に投入された。これらは中国で開発、生産され、中国を中心に販売される。〝中心に〟というのは、2023年秋よりこのクルマは中国からヨーロッパ市場へ向けて輸出されて「e:Ny1」の名で販売を開始しているからだ。

e:Ny1の外観は基本的に同社のヴェゼル、ヨーロッパ名HR－Vのディテールを変更したもの。中国CATL社製のバッテリー容量は68・8kWhで最大航続距離は412㎞の前輪駆動車だ。シティコミューターとして軽量コンパクトにこだわった結果、バッテリー容量が35・5kWhと小さく航続距離は283㎞にとどまったホンダeに較べれば、より広範に受け入れられることは間違いない。

車体の基本骨格を、ホンダは新世代BEV専用の「e:Nアーキテクチャー F」と定義している。しかしながらその外観デザインなどから見て、基本的には内燃エンジン車をベースとしていると見るべきだろう。

中国ではこの後、2027年までに10機種のBEVを投入するという強気の商品展開が予告されている。2030年以降はラインナップをハイブリッド車やBEVなどの電動車に絞り、2035年には100%BEV化するとしている。

そして北米では長く提携関係にあるGMとのパートナーシップから生まれたミッドサイズSUVのホンダ プロローグ、そしてホンダのラグジュアリーブランドであるアキュラのZDXという2台が登場する。車体の基本骨格は、GMのアルティウムプラットフォームを使用し、バッテリーもGMとLGの提携で生まれたアルティウムを使った共同開発モデルである。

このように、これまでと同様の地域ベストの戦略をベースラインとして継続する一方で、0シリーズはBEV専用アーキテクチャーを使ったグローバル戦略モデルとして投入される。実は中国市場には当面は導入されないようだが、それこそヨーロッパや日本の自動車メーカーの次世代のBEV投入のタイミングで、まさに勝負をかけるというわけだ。

原点回帰の0シリーズ

〝0シリーズ〟という名称は、ホンダの原点、出発点に立ち返ること、ゼロからの独創的な発想で新価値を生み出すということ、そして環境負荷ゼロ、交通事故死者ゼロの達成への決意といった意味が込められているという。発表された〝0〟のマークは、よく見るとHが変形したものだ。

そのホンダの〝H〟マークも新しくなる。言及されてはいないがホンダ草創期の軽トラック、T360に使われていたもののリファイン版に見えるこれもまた原点回帰の意思の表れということだろう。

ではホンダの原点とは何か。まず挙げられたのが〝M・M思想〟（マン・マキシマム／メカ・ミニマム）だ。人間のためのスペースを最大に、機械のためのスペースは最小にするという設計思想は、今のホンダ車にも連綿と受け継がれている。内燃エンジンを搭載せず、よって機械部分がコンパクトでパッケージング自由度が高いBEVで、改めてその哲学を、より強固に具現化しようというわけだ。

もうひとつが操る喜び。自動運転も見据えて、移動の煩わしさから解放されつつある時代に於いて、敢えて自由な移動の喜び、クルマと一体になる爽快感を求めようという話である。何しろ四輪車の販売を始めた翌年にＦ１世界選手権に打って出たようなメーカーだけに、他社との差別化という意味でも、ここはマストとされたのだろう。

開発アプローチとしては「Thin,Light,and Wise（薄い、軽い、賢い）」が打ち出された。現在のＢＥＶの潮流は、航続距離やデジタル技術などのスペックを競い合う結果、大きく重いバッテリーを搭載し、付加価値としてのスマートさを追求した「Thick, Heavy, but Smart（厚く、重く、しかしスマート）」だとホンダは表現する。最後のスマートという括りは、厚く重い自社製品もあるだけにあまり貶めないために敢えて付けたに違いないが、ともあれ大容量バッテリーを床下に積むが故に車体が分厚く、２トンなんて軽く超す重量級のモデルが跋扈（ばっこ）しているのが現状だ。

そんな潮流に抗って“Thin”を実現するのは、ＬＧエナジーソリューションと共同開発の薄型リチウムイオンバッテリー。これによってフロア高を抑えることが可能となり、低全高のフォルム、高い空力性能を実現する。

ホンダはＬＧと合弁会社Ｌ－Ｈバッテリーカンパニーを設立して、現在年間生産量約40ＧＷｈを実現するバッテリー工場をオハイオ州に建設中である。完成予定は２０２４年中。０シリーズのバッテリーも当面はここから供給される。

続く"Light"については詳細は不明ながら「原点に立ち返って生み出した独自技術で、これまでのEVの定説を覆す軽快な走りと燃費性能を実現」と謳われている。ギガキャストなどの革新的なボディ構造は採用していないようだが、少なくとも軽量化には相当に力が入っているはずだ。そして"Wise"は、AD／ADAS（自動運転／先進運転支援システム）やIoT、コネクテッドなどを活用した、ソフトウェアディファインドモビリティの実現である。

〝M・M思想〟が表現されたサルーン

今回、初披露されたのは低全高セダンの〝サルーン〟と、モノスペースの〝スペースハブ〟の2モデルだった。そのうち主役は、実際にその市販版が2026年に市場投入されるという、0シリーズの提案をストレートに表現したサルーン。短いノーズ、低くリアまで一直線に伸びたルーフなど、そのデザインは先進感が際立っている。ヴェールを被ったシルエットだけが浮かび上がった姿など、まるでスーパースポーツカーかのようだ。

「デザインの方向感は、こんな感じ。特にサルーンは、なるべくこのままでやりたい。4ドアの（ランボルギーニ）カウンタックみたいでしょ?」

CES会場でそう笑みを浮かべながら説明してくれたのは本田技研工業の青山真二取締役代表執行役副社長。けれども、これは単にスタイリッシュなものを狙ったわけではなく、根底には〝M・M思想〟がある。エンジンがない分、フードが低くできるので広い視界を確保できる。乗員スペースを前進できるので、薄型バッテリーのおかげで着座位置も低くなるといった具合で、BEVのメリットをフルに活かして、外観からは想像できないほど開放的な室内空間を確保している。参考までにカウンタックの血筋を受け継ぐランボルギーニ最新モデルのレヴエルトは全長5m近い、ほぼ同様と思われるサイズ感で、乗員は2名である。

高い空力性能は電費向上に直結する。バッテリー搭載量は最小限とされ、当然これは一層の軽量化にも繋がる。この辺りは、ホンダeで打ち出していた設計思想が、形は変われど引き継がれていると言ってもいい。

航続距離は300マイル(約480㎞)とされる。バッテリー容

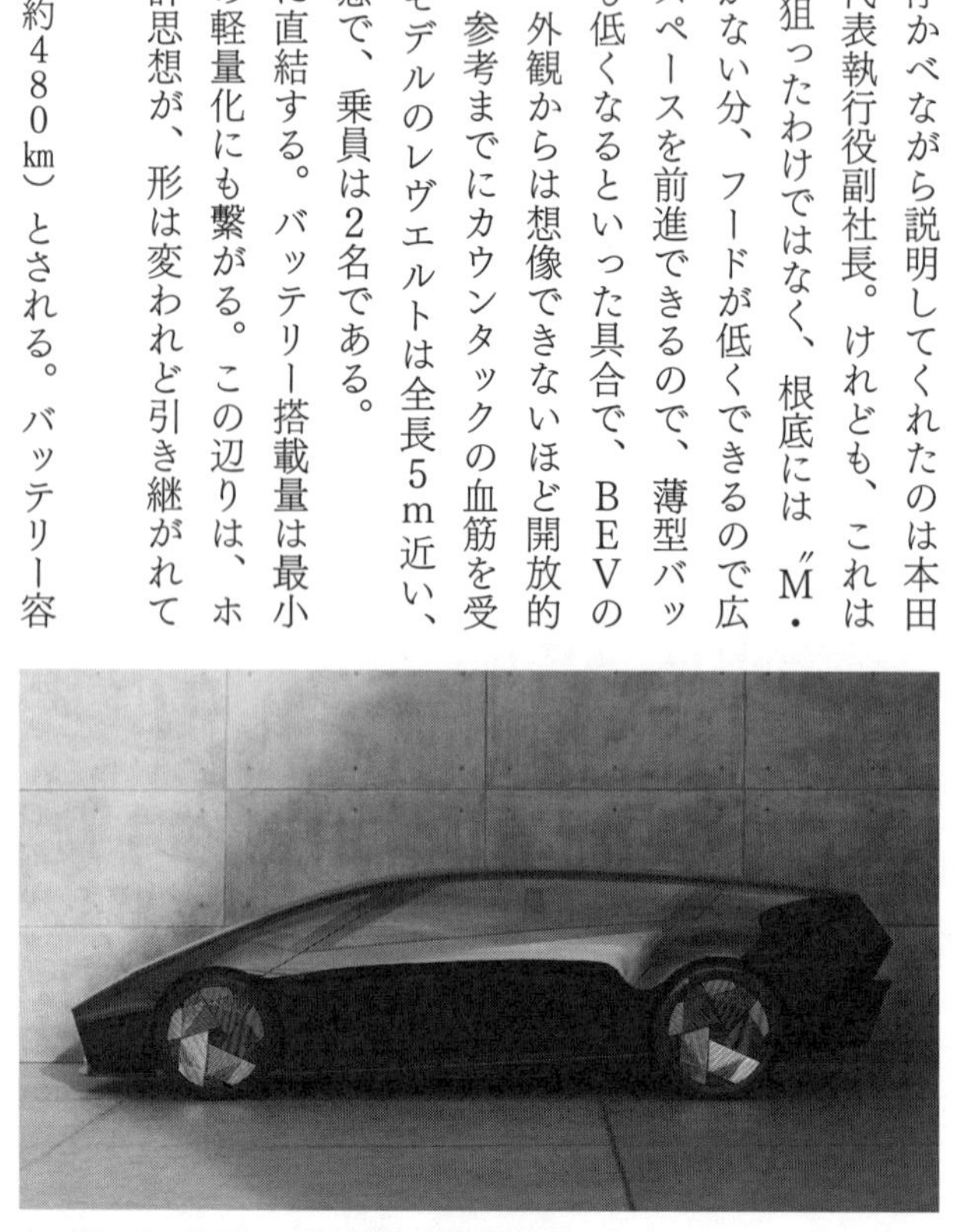

ホンダ0シリーズ サルーン(写真提供:本田技研工業)

量拡大による航続距離競争が激化する中では長い方ではないが、まあ実用的な範疇ではある。気になるのは、それをどれくらいのバッテリー容量で実現するか。参考までにＢＭＷの中型クーペであるi4 eDrive35はバッテリー容量70・3ｋＷｈで、一充電航続距離５３２㎞とされる。世間を驚かせるならば、50～55ｋＷｈくらいで４８０㎞を達成してほしい。

充電時間は15～80％までを10～15分程度で済ませられるまでに短縮され、10年後のバッテリー劣化率は10％以下を目指すという。つまり現状のＢＥＶが抱える問題、航続距離と充電時間、そして耐久性を、ほぼ解消するつもりというわけだ。

バッテリーは当面、Ｌ－Ｈバッテリーカンパニーから供給されると書いた。敢えて入れたのは〝当面〟という言葉である。

ホンダは２０２３年5月にＧＳユアサとの合弁による「Honda・GS Yuasa EV Battery R&D」を設立している。狙いは「グローバルレベルで高い競争力を持つリチウムイオンバッテリーとその製造方法を研究開発するとともに、主要原材料のサプライチェーンや効率的な生産システムを構築すること」ということで、ホンダとしては次世代バッテリーの開発に於いて、決してＬＧに頼りきりというわけではない。

「端的に言うと、我々もバッテリーメーカーにならなければいけない。そこに尽きると思っています。やっぱりコストにしても性能にしても、バッテリーが支配するところは大きいですから」

これも青山副社長の言葉である。例えば0シリーズで掲げた劣化の抑制も、BEVの性能の大きな部分を占める要素だけに、もはやサプライヤーに任せっきりにはできない。外注するにしても、自分たちでその技術を手の内に持っていなければ、有利な交渉はできないからだ。

「ですから、技術的にその分野の人材をどんどん今増やしてるし、これからもまだ増やしていくんだろうなと。ソフトウェアも同じなんですけどね。結局、バッテリーとソフトウェアに結構ね、尽きると思います」

垂直統合がこの世界の今の、BEV時代の流れである。テスラ、BYDを見てもそれは明らかだし、前章で示した通りトヨタもこちらの方向に舵を切った。幸いホンダは、これもトヨタと同じくハイブリッドを手掛けてきた実績から、すでにバッテリー技術の蓄積はある。今後はその方向で開発が進められていくのだろう。

自動運転やインフォテインメントシステムの今後

ＡＤ／ＡＤＡＳの面では、２０２１年にレジェンドにてレベル３自動運転の量産車への世界初搭載を実現したHonda SENSING Eliteを登場させたホンダらしく、将来的には進化したレベル３自動運転を実現するとしている。具体的には高速道路では自動運転領域が拡大され、スマートフォンの操作や会議などを行なうことができるようになり、一般道でも一定条件下でのハンズオフ、つまり手放し運転を可能にする。

ＡＩによって危険リスクの推定、走路の理解を行ない、しかもそれは経験値を重ねることで成長していき、対応能力を常に進化させていくとされる。

またＩｏＴ、コネクテッドは空間価値のアップデートに活用されるという。装備や仕様の進化は容易に可能になるだろうし、インフォテインメントシステムの充実も図られるだろう。

但し、この分野についてはどのメーカーに聞いても大体、返ってくる答えは似たようなものなのも事実だ。ホンダもかつて三部社長にインタビューした際には「空間価値が大事になってくる」という回答だったが、同時に率直に「その価値はこれから探さなければならない」と返ってきたのをよく覚えている。デジタルコクピット、顔認証、対話型ＡＩによる〝ストレスゼロ・楽しさMAXのUX〟といった言葉が躍ってはいるが、この分野に於ける確固たる〝ホンダらしさ〟の醸成は簡単ではない。

「今の時点では言葉だけの話になっちゃうんだけど、シームレスなUX／UI（ユーザーエクスペリエンス／ユーザーインターフェイス）みたいなことだと思います。そしてストレスフリーに使えるものですね。正直なかなか飛び抜けたものっていうのは多分ないんだと思うんです。社内でも、いつもガンガン言ってるんですよ、相当。けれど、そんなに簡単には出てこないなっていうのが本音」

これも青山副社長の言葉である。しかし一方で、本田技研工業 電動事業開発本部 四輪事業戦略統括部 BEVビジネスユニットオフィサー、要するにBEVの事業と商品の全体を見ている假屋満氏は、こんな風に漏らしてもいた。

「この領域って結構すぐに真似されちゃう。情報の出し方は慎重にやらないといけないなと思っていて……」

深読みすればホンダは、実はこの分野に於いても何か新しい、それこそ誰もがホンダらしいと唸るようなアイディアを、すでに持っているのかもしれない。真似されないように最後まで隠しているのだとしたら、それはそれでニヤリとさせる興味深い話である。

BEVに、五感に訴える走りの楽しさを

自動車メーカーらしいのが操る喜びへのこだわりだ。0シリーズは低重心、優れた空力性能などのBEVならではの基本素性の良さに加えて、ステアバイワイヤを採用。これはステアリング操作を電気信号に置き換えて前輪を操舵するもので、シャフトで繋げられた通常の機構と異なり、速度や操作に応じて自在に操舵角、操舵速度を変化させることが可能になる。普段はリラックスした操作を可能にしながら、サーキットでは俊敏性を引き上げるなんてことも実現できるのだ。

更に、ホンダがアシモなどのロボットで培った6軸センサーを使った姿勢角推定ロジック、四輪の電気モーター、ステアリング、ブレーキ、サスペンションなどをコントロールする3Dモーション統合制御などによるモーションマネージメントシステムによって、ドライバーの思い通りの走りを実現するとしている。

そして五感連動という言葉も出てきた。前出の假屋氏はこう説明する。

「五感連動みたいなことをやっています。音だったりいろんな要素がありますが、我々はもう少し五感に訴えるような仕組みを作っていて『ホンダっぽいな』って感じていただけそうなものを今やろうとしています。BEVは音や振動が伝わってこないところで何とな

く皆つまらないって言っているわけですが、解決策はあると思っていて。楽しい世界ができると思います」

初代ステップワゴンを思わせる、スペース ハブ

もう1台のスペース ハブは、0シリーズ共通のデザイン言語のもと、「人々の暮らしの拡張」をテーマに開発されたというモノスペースである。様々な用途に使える大容量のスペースが、人と人、人と社会を繋ぐハブとなるという思いから命名されたという。

実際、室内は非常に広く、乗員全員がリラックスして過ごせる空間となっている。大きく見えるが全長は5m未満というから、要するにトヨタ アルファード並みと考えると、さすがBEVと唸らざるを得ない。

サルーンとは異なり、現時点では市販については検討されていない、あくまでもスタディだというスペース ハブ。しかしこれも、別の意味でとてもホンダっぽいクルマに仕上がっていたと言える。

思い出したのは初代ステップワゴン。3列シートのミニバンでありながらクリーンなデザイン、大容量の室内が、ファミリー層以外にもウケた。遊びのギアを積み込むクルマとして、あるいは積むものがなくたって何か楽しいことが起こりそうなクルマとして、独身のユーザーにも訴求し、それがまたファミリー層にも跳ね返って大人気となったのである。

今のステップワゴンは、そうした初代の精神を忘れて家族、家族と連呼しているが、そもそも子育てファミリー層自体、数は年々減っている。ホンダには、こういうクルマを待っている人、きっと多いはずだ。実際、会場でのプレスからの反応も良く、ホンダ側も商品化について真剣に考えたいとのことだった。


今回、0シリーズのコンセプトをストレートに表現したサルーンだけでなく、このスペース・ハブと2台を揃えたのは、実はホンダの四輪進出の足がかりとなった1962年発表のスポーツカー「ホンダ スポーツ360」と軽トラック「ホンダ T360」をイメージしたのだという。まさに次世代BEVシリーズで、ホンダの原点に立ち返るという意図が、そこには込められていたのである。

「僕らホンダというメーカーに期待されているのって、例えばいかに会社が儲かって株主還元するかということではないと思うんです。これだけファンがいてくれて、世界中の様々な国に行っても『ホンダだ』って言ってくれるのは、やっぱり常にイノベーションを起こしてきたし、他とは違うことをやってきたということだと思います。0シリーズで言うホンダの原点とは、そういうこと。それを改めて見せたい」

本田技術研究所 常務取締役 デザインセンター担当、南俊叙氏はそう言う。前述のように、今回お披露目されたサルーンは、ほぼそのままのかたちで市販化されるそうだ。今回、南氏も青山氏も、ガルウイングドアはどうなるか分かりませんがと言いつつ、同じことを話していただけに、間違いなくその方向に進んでいるのだろう。

「これぐらいやらないと次の時代は生き残れないし、ホンダって何のためにあったんだ？って皆に言われるような会社にはなりたくない。それで三部（社長）をパトロンにして、これぐらいやらせてくれと。これぐらいできないんだったら辞めますって言って、それぐらいの覚悟でやってます」


ホンダ0シリーズの登場は2026年を予定している。あと、たったの2年先にはこの大胆なフォルムのBEVが世に出るのだ。販売はまず生産も行なうアメリカから開始され、そのあと日本、ヨーロッパ、アフリカ・中東、南米と、まさにグローバルに導入されていく。

但し、前述の通り中国についてはとりあえずは言及されていない。またホンダはこの0シリーズとは別に、同じアーキテクチャーを用いたBEVのグローバルモデルを展開するとも言われていて、状況は若干煩雑。それでも、これまでヴェールに包まれていたホンダの電動化のロードマップが、今回ようやく輪郭を露わにしてきたことは事実だ。

それにしても興味深いのは、そのコンセプトである。薄型バッテリーの採用をキーとして、それに合わせて他のコンポーネンツも小型化、軽量化を進める。それによって全高を低くして空力性能を向上させる一方で、斬新なデザインをまといながらも広い室内スペースを確保する。0シリーズ〝サルーン〟の開発アプローチは、まとめればそんな風に総括できる。あるいは、どこかで見たような、聞いたような……とも思われるかもしれない。そう、ジャパンモビリティーショー2023に出展されていたレクサスLF－ZCの示したものときわめてよく似ているのだ。

要するにクルマをずっと作ってきて、クルマをよく知る、自動車メーカーが発想するBEVは、自ずとこうした方向に導かれるということである。それこそ、フォルムだけ見た時にはスーパースポーツカーなのか、あるいはロケットなのかとも思わせたわけだが、いざヴェールを外してみたら案外ちゃんとクルマに見えた。少なくとも上海モーターショーに並んでいたクルマたちに較べると、そう感じられるのは、おそらくクルマがクルマらしく見える、その意味ではクルマとしてあるべき姿かたちを、やはり自動車メーカーは知っているということなのである。

ソニー・ホンダモビリティ（SHM）の成果

CES 2024開幕を翌日に控えた1月8日の夕方に、定位置である中央館のソニーのブースで行なわれたプレスカンファレンスに、ホンダの三部社長の姿があった。ソニーグループ代表執行役会長CEOの吉田憲一郎氏の紹介でステージに上がり、セッションを行なったのだ。ソニーとホンダ、世間ではなかなかうまくいっていないとも言われていただけに、こうしてふたり揃って登場しただけでも、十分な意味があったことは間違いない。無論、それは大いに意識していたはずだ。

ステージには続いてSHMの代表取締役社長兼COO（チーフ・オペレーティング・オフィサー）の川西泉氏が登壇。車両の概要を紹介したあと、おもむろにプレイステーションのコントローラを取り出し、これを操作してステージにその車両「アフィーラ プロトタイプ2024」を呼び込んだ。まずはこれだけで聴衆の気持ちを摑んだ、そして世の中の期待に応えてみせたと言っていいだろう。

自動車メーカーであるホンダと、総合電機メーカーであるソニー。本当ならば、ホンダは二輪、四輪、汎用を軸に航空、宇宙事業にまで視野を広げたモビリティ総合カンパニーであり、ソニーは今やソフトにハード、音楽にゲームまでエンターテインメントに関連するすべてを網羅し、しかも金融ビジネスまで行なう一大コングロマリットと呼ぶべきだが、ともあれ2022年の、この日本を代表する2社が手を組んだソニー・ホンダモビリティ（SHM）の発足は、自動車業界の内にとどまらない大きな大きなニュースであった。

そもそもソニーは、最初は2020年にオーストリアのマグナ・シュタイヤー社に製作を依頼したコンセプトカーをCESに単独で出展するなどして、かねてより自動車ビジネスへの意欲を示していた。しかしながら、それは本当に自動車ビジネスに参入したいのか、それともソニーが持つカメラ、センサー技術の自動車業界向けのアピールなのか、正直判然としない部分もあったのだが、実際にはこの頃から、ブランドの強みを前面に出した、もっと振りきったクルマを手掛けたいと考えていたのだろう。

一方のホンダは、ＢＥＶ時代に提供できる価値について思いあぐねていた。先にも記したように、電動化の時代にはクルマの空間価値が重要になるとは理解していながら、他社と異なる何かを見つけ出すには至らず、難儀しているように見えていたのだ。

要するにソニーとホンダ、互いが互いを求めて、ＳＨＭの発足に繋がった。きわめて強力なバックグラウンドを持つ新しい自動車ブランドがこうして生まれたのである。

驚いたのは、発足から数ヶ月後の２０２３年のＣＥＳで、ＳＨＭがアフィーラのブランドの下で２０２５年にオリジナルのＢＥＶを発売すると宣言し、最初のプロトタイプ車両をお披露目したことだ。そのスピード感こそが今の時代に求められていることなのは間違いない。そしてアフィーラはジャパンモビリティーショー２０２３にも出展して、このプロトタイプを日本のユーザーにもお披露目している。

ＣＥＳ ２０２４で紹介された車両も、最初はこれをそのまま持ってきたのかと思ったのだが、遠目にも何かが違って見えた。そして実際にこの車両はプロトタイプ２０２４という名前が付いているように、進化型のまったくの別物だったのだ。

まず感じられたのは、フォルムがより躍動的というか、本当に走りそうな雰囲気を出していたことだ。最初のプロトタイプは、つるんとした造形で宇宙船っぽい一方でやや無機質だった。実際に会場で、ソニー・ホンダモビリティ取締役専務の岡部宏二郎氏はこう話していた。ちなみに岡部氏は元々はホンダのエンジニア。人気コンパクトSUVの現行型ヴェゼルは、氏が開発責任者を務めたクルマである。

「クルマ好きの人にも乗ってもらえるように、カッコいいなと思ってもらえるように、ですね。でも、やり過ぎてもいけないので、良いところは残して。中国ではアリババ、ファーウェイなどと自動車OEMが組んでクルマを作り始めていますが、どれもやっぱり元のOEMのものとは違ったクルマになっていますよね。そういう感じは出さないとということで、議論しながらやっていますよ」

面白いことに、むしろソニー側の方が現実味のあるデザインを志向しているようだ。どうせ実際に売ることはできないだろうと思われるのを嫌って、逆にオーセンティックなクルマの方に寄せてくるのだという。

車両の概要についての、これまでより詳細な説明も興味をそそった。まずAD/ADASについては、ソニーのイメージセンサー、LiDAR、レーダー技術によって認識能力を向上させ、そこで得られた情報をもとに、ディープラーニングを用いたAI技術のVision

Transformerによって、見えないもの、見にくいものを可視化することが明らかにされた。これによって従来は難しかった逆光下での前方車両の背後や、夜間のトラックの背後にいる歩行者の存在まで認識できるようにするという。

車内ユーザーエクスペリエンスに於いては、ネット上のメタデータを重ねた3Dマップを提案した。単に指示した道を案内させるだけでなく、従来のクルマにない提案、あるいはゲーム性の付与等々を行なうとする。実際、現状の地図データとどこまでの違いを出せるのかは気になるが、「行きたいところに自由に行ける」の先まで移動の自由を拡張しようという意気込みだ。

同時に、対話型パーソナルエージェント開発に於けるマイクロソフトとの連携、そして感性・官能領域でバーチャルとリアルを融合させた車両開発を目標とするというポリフォニー・デジタルとの協業も発表された。後者はソニー・インタラクティブエンタテインメントの子会社であり、ドライビングシミュレーター「グランツーリスモ」の開発で知られる。ソニーがクルマに携わるのに、組まない手はないとずっと思っていたところである。

1年前のCES以来、アフィーラは主に車載エンターテインメントのような、ソニーがクルマで実現したいことの方を強調してきた。逆の言い方をすれば、ホンダがソニーと組むことで何をしたいのかは、前面に出てきていなかったのだが今回、それがようやく、断片的にではあるが見えてきた。岡部氏は言う。

「進化して皆の生活の近くにあるようになった携帯電話をはじめとする、いわゆるデジタルデバイス的なものがクラウドなどで繋がってきている中で、クルマだけが外れた状態が続いています。やはりエンジンがあったら、他の産業から（クルマには）入って来れない。でもＢＥＶの時代になってＩＴ産業発の、それこそテスラのようなところもクルマを作れるようになってきました。こうしたメーカーはそうしたデジタルデバイス、コネクトできるという部分での発想が明らかに違っていますし、その先にあるコンテンツまで含めて考えると、自動車ＯＥＭの力量だけでは正直難しいなって僕自身は思っていて」

インフォテインメントは今やクラウドを活用するのが当たり前だし、ＯＴＡのような要素もクルマに於いてますます重要度を増してくる。これまでの自動車メーカーには、そうした領域に於いての知見、ノウハウの積み重ねが、比較すると少ないというのは事実だろう。セキュリティ対策なども同様である。

もちろん、特に車内インフォテインメントに関しては、自動車メーカーの得意とする部分も多いはずだ。それらをうまく重ねて、融合させていくというのが、まずはアフィーラの目指したところと言える。必ずしも自動車メーカーだけではできないという話ではなく、実際にホンダだって0シリーズに向けては独自の開発を進めているわけだが、違う文化とやれば化学反応が起き、新しい発想が生まれてくる。

さて、ではクルマが繋がっていくと一体何ができるのだろうか。ルート案内の際に最新の情報が提供されるとか、事故などの際の自動緊急通報などは、すでに実装されている。通行情報をビッグデータ的に集積していくことで、交通環境をより良いものに変えていく。そんなことも期待できる。エンターテインメントも、より質の高いものを楽しめるだろうが、それはもしかすると携帯電話でもおおよそ代替できるものかもしれない。

「クルマの、パーソナルカーとしてどこにも行けるという価値は普遍的に変わらないと思います。今まではむしろ隔離した空間を好んでいたところもあると思いますが、それはオフにしちゃえば別に今までと変わらない。一方でオンにして、つまり繋がれば、例えばモビリティデバイスのようなものになるかもしれません」

ガレージの中のクルマを部屋のように使って、エンターテインメントを楽しんだり仕事をしたり。それこそリモートワークの時代に、自宅では仕事が捗らない、できないで困っている人は、クルマをもうひとつの部屋として使えるようになる。そうなると走っていなくても、停車していてもクルマに価値が出てくる。何しろBEVは電気を沢山持っている。あるいは充電中はそれを使うこともできるだろう。エンジンを始動させることなく車内で過ごす時間を意味あるものにできるということは、BEV時代には必須かもしれない。

ホンダの血脈とソニーの匂いを感じさせるアフィーラ

率直に言って、それでもやっぱりまだ強烈なアピールになるかと言われれば、半信半疑である。前章で書いたように、車載ディスプレイの概念を覆すような大画面でもあれば、何らかの映像を楽しむ意味もあるかもしれないし、あるいはクルマを走らせているその時間に、エンターテインメント的な価値を上乗せするようなことがあってもいい。〝車載〟のインフォテインメントとして、まだ進化する伸び代はあるはずだ。

一方で、実はアフィーラ、走りにも相当力が入れられているようだ。岡部氏の「クルマ好きの人にも乗ってもらえるように、カッコいいなと思ってもらえるように」という言葉は、実はデザインに限定した話ではないというわけだが、それは必ずしも従来のクルマの価値観での〝走りが良い〟という領域にはとどまらないようである。実は、この部分こそアフィーラの大きな特徴になるのではないかというのが、私の見立てである。

「AD／ADASは要するに、まず目をすごく良くして、そしてすごく演算できる脳があるよということです。でも目が良くて頭が良くても、運動神経がダメという例はよくあるじゃないですか。分かっているんだけど、その通りに動かせないという。そこでは結構ね、絶対的な差をつけられると思っているんです」

SHMには岡部氏の他にも多くのエンジニアが転籍しており、その中には他のモデルで開発責任者を務め、走りにも一家言あるメンツが揃っているという。もちろんハードウェアとして基本性能を鍛え上げた上で、例えば彼らのような人たちが、この最先端のAIを駆使したAD／ADASを使って、文字通りの運転の支援を行なえば、これまで実現できなかった走りの世界が切り拓けるかもしれない。例えば操作に対して、クルマがズレや遅れなしにきれいに反応する。実際には本人はそれほど上手じゃなかったとしても、その意図を汲み、推定して、クルマを動かしてやる。ドライバーは運転しているんだけれど、実はそれはクルマのコントロール下にあって、あたかも自分の手でうまく運転しているような感覚でのドライビングを味わうことができる。例えば、そんなことが可能になる。

「運転の上手い人の横に乗ると、すごい安心できて、なのになんでこんな速いんだろうって思う。ああいう走りを、運転支援によって実現できれば、運転していても同乗していても、クルマで移動することの新しい喜びがもたらせるんじゃないかと思うんです」

リアルとバーチャルという話で言えば、クルマは断然リアルなものだ。しかしながら、そこにバーチャルの要素をうまく重ね合わせることで、モビリティの価値を高めることが可能になる。そもそも自分はこう運転したかったんだよなという走りを、アフィーラでならできる。そんな自分のスキル以上にスムーズで快適に移動できるという運転体験。無論、そうした動きの理屈は自動運転になっても変わらず、つまり腕利きのドライバーが操るクルマに同乗するような感覚となるに違いない。

いずれにせよ、それはクルマを知っているホンダの血がそこに入っていて、運動神経と身体能力がしっかり備わっていてこそ実現できる、アフィーラの大きな大きな価値となるだろう。どうして、もっと前からアピールしなかったのか。

「もちろん最初からそういうことを考えていたんですが、あんまりそういう要素を先に前面に出しちゃうと、結局ホンダと何が違うのかと言われてしまうので（笑）。おそらく今までの延長線上の走りを楽しめるクルマに最小限のＡＤ／ＡＤＡＳをつけるか、あるいはシームレスな運転支援を行なうけれど、ちょっと身体性能がついてこないか、世の中はどっちかになる。それなら両方が備わったクルマを出せれば、まず一歩前に行けるんじゃないかと思うんです」

思った以上に〝クルマ〟だった。ソニーではなくホンダからSHMに合流している岡部氏の話だけに当たり前かと思いつつ、こうした話は最初はほとんど出ていなかっただけに、意外というか嬉しいというか、そんな思いを抱いた。

そして続く話も、まさにクルマ好きの夢らしいところかもしれない。前章でアフィーラが、ソフトウェア開発者に情報をオープン化し、アプリケーションを開発してもらうことでクルマの価値を高めようとしていると記した。ここで気になったのは、後発であるが故に立ち上がりのユーザー数は圧倒的に少なくなるアフィーラが、どのように彼らを惹きつけるのかという側面だった。ビジネスとしては当然、多数ユーザーを抱えたプラットフォームに乗る方が賢明だからだ。

「基本的にはマスがないと人は寄ってきてくれないし、魅力がないと僕らはお金を払ってやらなくちゃいけない。ですのでマスでもなく、プラットフォーマーでもない何かというのは考えなきゃいけないと思ってます。でも、クルマ作りに参加したいという、ちょっと変わった人って居ると思うんです。今までクルマって安全性に関わるから絶対ダメだって何にもやらせなかった。ですが、当然コアECUで動かす安全に関わる部分は閉じますけれども、例えば車速などの走行データを開放して、ディスプレイの描画などは一緒に作れるよとなると『ああオレ、本当はクルマをこうしたかったんだ』って乗ってきてくれる人は結構居ると思うんですよ」

加速の仕方やその時のサウンドなどの効果、サスペンションに電気モーターの駆動力のセッティング等々、BEVは走りの面でもソフトウェアで可変できる領域が幅広くある。将来的に、もしも安全性、セキュリティを確保しながら、これらを自在に可変できるようになれば、クルマ好きは狂喜するだろう。レーシングドライバーが導き出した車両の最適なセッティングがインストールできるようになったりもするかもしれない。

そこまではすぐに行かないにしても、画面表示や音などを取っ掛かりにクルマを好きなようにアレンジする文化が盛り上がってくれば、それをアプリ化して皆で楽しめる環境が整ってくるだろう。例えばテスラはかつてはリバースエンジニアリングされたAPI（アプリケーション プログラミング インターフェイス）を通じて、アプリなどが作られる環境を敢えて非公式的に用意していたが、2023年秋には正式にAPIドキュメントを公開。サードパーティの参入を促している。一般のソフトウェア開発者が作ってもいいかもしれないし、あるいはSHMと一緒に手掛ける会社が出てくるということもあるかもしれない。まさにガレージから物語が始まる、シリコンバレー的な話も起こり得るということだ。

「あまり商売的と言うよりは一緒にクリエーションしていく仕組み作りの仕掛けと言うんでしょうか。人や会社が集まってきて、ファンっぽくなってきて『このアフィーラってオレ、一緒にやってるんだぜ』ってうねりができてくると、今までとちょっと違うものになるかなと思っています」


ソニーのウェブサイトには、その前身となる東京通信工業の設立に際して、創業者のひとりである井深大(まさる)が語ったとされる言葉が記されている。「大きな会社と同じことをやったのでは、我々はかなわない。しかし、技術の隙間はいくらでもある。我々は大会社ではできないことをやり、技術の力でもって祖国復興に役立てよう」というものだ。

CES会場で岡部氏と話したあと、なぜかこの言葉のことを思い出した。ホンダから来た岡部氏の話なのに、アフィーラに込められた狙いからは、ソニーの匂いが漂ってきたわけである。

いずれも戦後の日本に生まれ、世界に羽ばたくブランドとなったソニーとホンダのタッグである。気になっている人は多いだろう。特にソニーについては個人的に、新しい商品が出るたびにワクワクした頃もあるだけに、やはり思い入れを抱かずには居られないところがある。そんな過剰な期待もあり、2023年の第1弾にはさほど盛り上がれなかったというのが正直なところで、実はそういう声は周囲からも多く耳にした。しかしながら、一見大きくは変わっていなそうだったアフィーラ プロトタイプ2024をじっくりと眺め、その概要を知って、改めてそのデビューが楽しみになってきた。ソニーとホンダ。ふたつの叩き上げのブランドのタッグらしい、自由でエネルギッシュな1台になることを期待したい。

怒濤のように駆け抜けたCES 2024の取材を終えて感じたのは、少しの安堵感だった。上海モーターショーはもちろん、日本だけでなく世界の自動車メーカーにとって衝撃だったはずだが、ホンダとアフィーラという半・身内と言うべきふたつのブランドの出展は、既存の自動車メーカーがそれらに負けることのない、そして築き上げてきたノウハウを存分に活かしたソリューションを以て、それに十分対峙できそうだということを示したと言える。

聞けば、ホンダ0シリーズのサルーンのデザインを青山副社長が見たのは2年前のことだったという。そうなると、それをいかにプレゼンテーションしていくのかということ、そしてスピード感は課題と言えるかもしれない。アフィーラは2025年、ホンダは2026年にはこれらのクルマを世に問う。きっと、それまではあっという間である。

第6章 世界の、日本の、クルマの未来を考える

リアルな中国車への感嘆

２０２３年4月、上海モーターショーの取材を終えた後、縁あって上海豊田紡織廠記念館を訪れることができた。発明家にしてトヨタグループの創始者である豊田佐吉が１９２１年に設立した豊田紡織廠の跡地が、今では中国政府から文化財指定を受けた、一般非公開の記念館となっている。

数々の織機の発明で名を成し、豊田紡織、そして現在の豊田自動織機などを設立した豊田佐吉は晩年、上海に渡ってビジネスを始める。日本で十分な成功を収めていたにもかかわらず海外進出に乗り出したのは、ひとえにアメリカやヨーロッパを回った際に得た、自分の技術は世界で通用するという思いを具現化させたかったからだろう。

「障子を開けてみよ、外は広いぞ」

有名なこの格言は、上海行きに反対する者たちに向けて発せられたとされる。この時、豊田佐吉は52歳。以後、6年ほどをこの地で過ごしたという。世界的な視座に立った、旺盛なチャレンジスピリット。ショーを取材して打ちひしがれたような気分になっていただけに、心に響くものは大きかった。

そろそろホテルに戻ろうと外でクルマを待っていた時、目の前に1台のクルマ……のようなものが滑り込んできた。見た目はそれこそ、まるで宇宙船。音もなく静かに目の前まで走ってくると、停車と同時にふっと車高が下がった。そして上半分がルーフにヒンジのあるガルウイングタイプ、下半分は後ろ側にヒンジがあるリアドアが開いて、室内ですくっと立ち上がった乗員が、いかにもスマートに降りてきた。

正直、あっけにとられた。きっと、しばらく口が開いたままだったと思う。宇宙なのかそれとも未来なのか、とにかくここことは違う何処かから来たようなそのクルマの姿に、一瞬で心奪われたのだった。

そのクルマは「HiPhi X（ハイファイ エックス）」。上海を拠点とするBEVブランドの2020年発売の最初のモデルで、現地ではポルシェ タイカンを上回る販売実績を残したこともあるプレミアムBEVである。

日本の街で乗りたい！ 私だけでなく、同行の皆でそう言い合った。中国車は、あるいは中国市場は特別だということは断じてない。カッコいいものは誰にとってもカッコいい。それをハッキリと実感した瞬間である。

トーンダウンするBEVシフト

一方で今、BEV市場は世界的にハッキリと減速傾向を示し始めている。とは言いつつ2023年までは表向きのセールスの伸びは順調ではあり、調査会社のS&Pグローバルモビリティ社が出した数字によれば、世界の自動車市場全体に於けるBEVのシェアは約12%。2024年には16・2%に達すると見込まれている。

欧州自動車工業会によれば、EU27ヶ国での2023年の新車登録台数は1054万7716台で、前年比13・9%増。そのうちBEVの販売台数は約154万台で、前年比37%増を記録している。新車販売全体に占めるBEV比率は14・6%に達した。もちろん2024年も台数は伸びていくだろう。しかし2023年後半には勢いが明らかに鈍化していて、実はむしろハイブリッド車の方が急速に販売を伸ばしている。ハイブリッド車は前年比29・5%増で台数は約272万台。新車全体の25・8%に達しているのだ。

ヨーロッパだけでなく世界的に、そもそも急拡大したシェアが自然とペースダウンするのは当然だし、多くの国でBEV普及促進のための購入補助金が見直し、あるいは撤廃されたことも大きく影響したことは間違いない。

しかし一番の要因は、やはりいわゆるアーリーアダプター、そしてその周辺層辺りの需要が落ち着いたことだろう。第2章に記したように、とりわけプレミアムカー、ラグジュアリーカーのユーザーのうちの特に先進層と括られる人たちは、おそらくテスラに真っ先に飛びつき、その後の様々なBEVの登場にもすぐに反応し、そして楽しんだ。市場を更に拡大させるためには、彼らの更に周囲に居る層にアピールしなければならないわけだが、それにはいよいよ航続距離、充電インフラといった問題の解決が必要となってくる。

経済的な側面も大きい。電気代の高騰もあり、充電サービス各社は最近いずれも料金の大幅な値上げを行なっている。最大手のe-Mobility Powerの急速・普通併用プランの2024年4月現在の月額会員料金は税込み4180円。急速充電を行なう場合は、これに都度利用料金として、1分当たり27・5円がかかる。急速充電器の充電時間は1回30分まで。仮に月に2回、30分ずつ急速充電すると月額料金のほかに1650円かかるので、合計すると5830円となる。あくまで単純計算として、約30分で約80%まで充電できるとするホンダeの場合、満充電航続距離は283kmだから、その80%として226・4km×2回の452・8kmを走るのに、急速充電だけを使った場合はこれだけ必要になる。

2024年2月の東京都のレギュラーガソリンの平均価格は1ℓ当たり175・7円。5830円あれば約33・18ℓの給油が可能だ。同じホンダのフィットe:HEV、ハイブリッド車の燃費は30・2km／ℓだから、この燃料で約1002kmを走行できる計算になる。そう、ガソリン車は同じ金額で倍以上の距離を走れるのだ。

もちろん自宅充電でしか走らないとなれば話は変わるが、それができない多くのユーザーにとって、BEVは経済的なメリットがない、というかデメリットの方が大きいのが現状なのである。これでは贅沢品として以外に、普及は難しい。

無論、これはあくまで一例、それも極端なものである。しかし、乗り越えられないとは言わないが、大きく困難な踊り場に今居ることは間違いないだろう。

今のままのエネルギー事情や地球環境問題を考えれば、将来的には再生可能エネルギーを使ったBEVが多くの国や地域に於いて最適解となっていくことには、誰も異存はないはずだ。問題は、ユーザー不在のまま目標を高く設定し過ぎ、あまりにも性急に物事を進めようとし過ぎだということである。本来ならば、当面はハイブリッド車、PHEVの比率を増やしてトータルでのCO_2排出量を削減しながら、長期的視野でBEVやFCEVへのシフトを進めていくべきなはず。しかし敢えて、BEV〝だけ〟を唯一の選択肢だとして、そこに向けてなりふり構わず全力で邁進するという、ハイブリッド車に強い日本車を排除するためと言われても仕方がない欧州勢の強硬な姿勢は、あまりにユーザー不在だったと言わなければならない。

しかも、それは最初から分かっていたことである。トヨタがマルチパスウェイを標榜して様々な選択肢を用意することが大切だと言い続けてきたのは、そして他の日本の自動車メーカーも内燃エンジン技術を磨き続け、ハイブリッドを主軸に据えてきたのは、つまりはそういうことなのだ。

環境対策は言うまでもなく非常に重要なイシューだが、しかし誰もついてこれないハイスピード競技に陥ってしまっては意味がない。マラソンのように長期的な視野で着実に進めていかなければ結局、皆揃って脱落してしまい何も残らない。

各自動車メーカーの発言もトーンダウンが目立ち始めた。2021年、メルセデス・ベンツのオラ・ケレニウスCEOは、〝市場の動向により〟と注釈をつけながらも2030年までのラインナップ全車BEV化を宣言していた。前CEOの時代までは急速なBEVへのシフトには慎重に見えたメルセデス・ベンツの方針の変化を感じたものだが、ここに来て計画を撤回して、2030年以降もPHEVなど内燃エンジン搭載車の販売を続けると明確に示されたのだ。〝市場の動向により〟というエクスキューズが生かされたかたちである。

実際、メルセデス・ベンツの新車販売に於いては現在も6割が内燃エンジン車及びマイルドハイブリッド車で、ＰＨＥＶとＢＥＶはいずれも2割程度にとどまる。２０２５年には新車販売の5割をＰＨＥＶかＢＥＶにするという目標までにも、まだまだ遠い状況だ。そもそも、メルセデス・ベンツは２０２０年11月に、シェアホルダーでもある中国のジーリー（吉利）との間でハイブリッド車用内燃エンジンのパワートレインで協業することを発表している。よって布石は打ってあったとも言える。この辺りは、さすがにしたたかである。

おそらくメルセデス・ベンツのようなメーカーも、あまりに急速なＢＥＶシフトはうまくいかないとよく分かっていたのではないだろうか。しかし特にドイツ国内に於いては、環境意識の高い国内世論への配慮、実際に環境政党が国、地方の多くの議会で連立に加わっていてその意向を蔑ろ（ないがしろ）にはできないという事情などもあり、反対する姿勢を見せるのは相当に難しかった。よって、まずは１００％ＢＥＶに向かう姿勢を見せつつ邁進し、やはり無理だったと社会が理解するのを待つ。そして、その時のためにプランＢも用意しておく。ＰＨＥＶ用エンジンを、敢えて中国で用意しておいたのは、きっとそういうことではないだろうか。もちろん、あくまで憶測だが。

ジャガー・ランドローバーも、２０２６年までにＢＥＶを６モデル投入するという計画を見直している。代わりに注力するのは、やはりＰＨＥＶ。旺盛な需要に応えるかたちだ。更に言えば、ジャガー・ランドローバーはＦＣＥＶの開発計画も持っている。今の時点ではまだ２０３６年には完全に内燃エンジンと訣別するという方針はそのままだが、そうだとしても答えはＢＥＶだけではない可能性が高いのだ。

他にも、プジョーやフィアット、クライスラーなど14の自動車ブランドを擁するアライアンスのステランティスは、これまでＢＥＶ専用と喧伝していた次期主力プラットフォームが、実はエンジン車にも対応していることを今になって明かしている。やはり、ちゃんと状況を見て、仕込んでいたわけだ。

アメリカでも、ＧＭは２０２３年10月の時点で、大型ピックアップであるシボレー シルバラード、ＧＭＣシエラのＢＥＶ版の生産開始を1年延期することを発表。フォードはすでに販売中のＦ－１５０ライトニングの生産規模を縮小している。テスラも価格引き下げを続けているような状況である。

2024年の中国BEVの現在

今や世界第1位の自動車販売国であり自動車生産国、中国では新車販売の31・6％以上がNEV（新エネルギー車）と呼ばれるBEV、PHEVで占められるに至っている。BEVだけで見た時のシェアも25％を超えたが、一方で直近の販売の伸び率では、こちらもPHEVの方が上回ってきているのが最近の動向のようだ。

BEVの販売台数が前年比21％増なのに対して、PHEVは83％の伸びを示したという報道もある。実は中国のNEVの雄、BEVで知られるBYDは以前からPHEVも手掛けており、販売台数も実はこちらの方が上回っているのが現状である。2023年2月には小型セダン「秦PLUS」を10万元（約210万円）を切る9万9800元で発売して大ヒットに。しかも2024年2月には価格を一気に2万元引き下げ、約170万円という内燃エンジン車と変わらない設定とした新シリーズを発売し、世界を驚かせた。

国策としてBEVを推進してきたと言っていい中国の、足元でもこういう状況なのだ。BEVの未来は明るくないと言うつもりはないが、少なくとも現時点で停滞の中に居ることは間違いない。

中国ではBEV生産により政府より多額の補助金が出ることもあり、一説には何百とも言われるBEVメーカーが乱立したことがあった。市場はすでにBYD、テスラでトップ2が形成され、2社だけで半数以上を占拠。それもあり今ではその数はだいぶ減っているが、それでも100社ほどが揃うという。つまり生産、供給は未だ圧倒的に過剰と言える状況にあるとされる。

実は冒頭に記した、豊田紡織廠で衝撃を受けたHiPhiも2024年2月に販売不振により操業停止に追い込まれた。一時は飛ぶ鳥を落とす勢いだったプレミアムカーメーカーにも、等しく危機が訪れている。

改めて、上海モーターショーの衝撃とは何だったのか

BEVを巡る喧騒は、少なくとも一旦落ち着くことになるだろう。しかし勘違いしてはいけない。仮に内燃エンジンから電気モーターへというパワートレインのシフトが滞ることになったとしても、クルマの進化が止まることはない。

私自身は、クルマを完全にBEVに置き換えることが正義だと思っているわけではないということは最初の章にも書いた。BEVもあればPHEVもFCEVもあればいい。何ならハイブリッドもディーゼルエンジンも、水素エンジンだって適材適所で使っていく方

が、どう考えてもヘルシーだ。強く望むのは、これを機に世界がそうした多様な選択肢を認める方向に進んでいくことだが、それはあくまでパワートレインとして電気モーターとバッテリーを使う狭義に於けるBEVについての話である。

2023年の上海モーターショーがもたらした衝撃は、決してそうしたパワートレインとしてのBEVショックではなく、BEVシフトというタイミングあるいはチャンスを用いての、クルマ自体の進化の可能性によってもたらされたものだ。言わばクルマ2・0が、気づけば中国で勃興し、進んでいたということ。そこを間違えてはならない。

よって仮に、ここでBEVへの過剰な傾注という潮流が一旦は和らいだとしても、安堵している場合ではない。パワートレインが何であれ、それこそPHEVでも例えば中国はクルマの概念を超えるような進化を推し進めてくるはずだ。

しかも中国国内での供給過多により、各メーカーは東南アジアへの進出を急ピッチで進めている。日本の自動車メーカーにとってきわめて大きな市場に、凄まじい勢いで食い込み始めているのだ。現時点では圧倒的に安価で入手できるBEVということでの人気だが、一旦侵食されてしまうとシェアを取り戻すのは困難になる。しかも、今のところ日本の各メーカーには、それと戦える安価なBEVというタマがほとんどない状況なのである。そこに、更にクルマ2・0とも言える進化がもたらされたとしたら、きっとユーザーは離れられなくなる。

そう、すでに扉は開いたのだ。そうしたクルマの進化に対応できない自動車メーカーは、じわじわと取り残されていくことになりかねない。


無論、進化と一口に言っても、それは簡単なことではない。クルマはこの先、一体どこに向かって進化していくのだろうか。

中国市場のトレンドについて調べ、話を聞く中で、印象に残ったキーワードが、トヨタの宮崎副社長が話されていた「居心地」である。これまで自動車メーカーが、クルマで何より重視してきたのは「乗り心地」だったり走行フィーリング、言うなれば「走り心地」だったりした。しかし中国では、この居心地なのだという。走りが快適、走りが楽しいということよりも、室内でどのように過ごせるのかが、より重視されるというわけだ。

昔から中国では、外観は立派で室内は広いクルマが望まれるけれど、エンジンは小さくていいと言われていた。走る性能の優先順位が高くなかったということだが、そうしたクルマ観的なものは、大きくは変わっていないのかもしれない。

そして、それは今や中国特有の価値観だとは言えなくなってきた。世界中、都市部の渋滞は激しく、かと思えば高速道路では自動運転化が進んできている。ＢＥＶならば経路充電中の待ち時間もあって、いずれにせよ車内で過ごす時間を、いかに快適なものにしていくかが、どんどん大切になってきている。

空間としての広さは当然、重要だ。閉塞的よりは開放的な方がいいが、停車中の室内は、あまり外から覗きやすくない方がいいと考えると、非・開放感という視点も必要になりそうである。

インフォテインメントシステム、とりわけエンターテインメントに関する部分も、走行中と停車中で求められるものは違ってくるはずだ。走行中、それも自ら運転している時には外部からの情報を遮断することなく、オーディオなどを楽しみたいし、その間に電話、メール、メッセージ等々にいかに対応できるかも、今後はますます求められる機能となるだろう。一方、同乗者は純粋にエンターテインメントを楽しみたいとなれば、そこをどう隔てるのか。もちろん停車中には、ドライバーも楽しみを共有したいはず。いや、自動運転中だってそうかもしれない。

停車中の価値としては、ＢＥＶの場合は電力グリッドへ繋いで充電だけでなく給電も含めたエネルギーマネージメントを行なうことも求められてくるだろう。ＢＥＶがインフラの一部になるという話だ。クルマを使用していない時には、それまで蓄えていた電気を自宅に、あるいは近隣周辺に供給し、電力需要が下がった時に自動的に元のレベルまで充電しておくといった具合である。モビリティが、社会でより大きな役割を担うようになる。

クルマの知能化の未来

その意味で気になっていたのが、公式には宣言されていなかったものの開発されていたことは公然の秘密だったAppleの、一説には「Titan（タイタン）というプロジェクト名で呼ばれていたという通称アップルカーだ。スマートフォンメーカーが送り出すクルマは、これぞＳＤＶというものになっているはずで、期待せずにはいられなかったわけだが、２０２４年2月末に、これまで数十億ドルを投じた計画が中止になったと報じられた。

一方、中国ではやはりスマートフォンメーカーのシャオミが、遂に自動車ビジネスへと乗り出すことに成功した。デビュー作「ＳＵ７」は、まだ詳細は明らかにされていないが、見た目はテスラ　モデルＳやポルシェ　タイカンといったモデルに近い、クーペライクなセダンとなる。ちなみにデザインコンサルタントには、元ＢＭＷのクリス・バングル氏が参画しているという。ご存じの方も少なくないだろう。1990年代後半から2000年代前半の、BMWのデザイン大変革を行なった御仁である。

AD／ADASについてはテスラを当然、ベンチマークにしてくるはずだ。そして容量101kWhのバッテリーで航続距離最大800km、0－100km／h加速2・78秒で、最高速265km／hというパフォーマンスについてはポルシェを大いに意識していることは間違いない。

肝心なインフォテインメントシステムについては、まだほとんど明らかにされていない。言われているのは、スマートフォンで使っているHyperOSのモビリティ版になるということ。HyperOSが「Human×Car×Home」と謳っている通り、手元のスマートフォンから家電、そしてクルマが一直線に繋がるのだとすると、さて生活は一体どのように変化するだろうか。

ひとつ容易に考えられるのは、手元のスマートフォンと車内のインフォテインメントがシームレスに連携するということだ。スマートフォンで楽しんでいたコンテンツが車内でも、より大きな画面、充実した音響で楽しめる。それは、ひとつの価値にはなるだろう。

逆にクルマの中で起きていることを、そのままスマートフォンを使って車外に持ち出すことも考えられるかもしれない。アプリで対応するのか、あるいは将来、クルマと親和性の高い別のかたちのウェアラブルデバイスが追加されるようになるのか……。既存の自動車メーカーに、そこまでできるだろうか。

レクサスLF－ZLで見せた次期型インフォテインメントも、その意味ではまだ物足りないと言うべきかもしれない。走行中に気になるところを指差せば、それについての情報が得られるということだが、誰もが調べればすぐに行き着く情報は、もはや情報としての価値はそれほど大きいわけではない。

けれども、それがモビリティと結びつけば新たな楽しさを創造できる可能性はある。例えば、指を差した店についてリアルタイムでSNSではどんな話題が盛り上がっているかだったり、実はそこではないあと何kmか行った先の別の店こそ今、その分野ではホットだったり、なんてことまでスマートフォンであれこれ操作するまでもなく、インタラクティブに教えてくれれば、意味がありそうではないだろうか。また、走行中はもちろん、停車中にどんな価値をもたらし得るのかも勝負になるだろう。モビリティに携わる会社ならではの提案に期待したい。

純粋な走りの魅力

一方、各メーカーに話を聞くうちに改めて理解できたのは、クルマとしての純粋な走りの喜びにも新たな可能性がありそうだということだ。運転に於いてもそうだし、同乗していても、である。

車両挙動の制御の自在性が飛躍的に高まるというのは、内燃エンジンとは比較にならないほど速く緻密で正確な制御が可能な電気モーターで車輪を駆動するBEVの特徴として、すでに多く語られているところだ。ステアバイワイヤのようなシステムとの統合もしやすくなる。クルマはますます意のままに動かすことができるものになるし、加速特性、運動特性などのセッティングの自在さも格段に高まる。

AD/ADASについても同じことが言える。これまで以上に精度の高い自動運転が可能になり、またドライバーや乗員が気づかないうちに、そっと手を差し伸べてくれるような運転支援も実装できるようになるだろう。

しかもアフィーラの岡部氏が話してくれたように、AD/ADASの技術をうまく活用することによって、より高い安心感の下に、自らステアリングを握っている時間を楽しめるようにもなると考えれば、典型的、古典的なクルマ好き……つまりは私のような者にも歓迎されるに違いない。ドライビングファンという言葉の新しい次元を見せてくれるのではないかと期待が高まる。もちろん皆が運転好きというわけではないだろうが、飛ばさなくたって気持ち良く、安心して走りたいのは、誰でも一緒のはずである。

ここまで読んでいただいたならば、きっと伝わっていると思うが、上海モーターショーの衝撃の後、様々な取材を通じて徐々に分かってきたのは、少なくとも日本の自動車メーカーが壊滅的に遅れていて、キャッチアップを急がなければいけないという状況ではないということである。まずパワートレインについては、BEVだけに集中するという戦略を採らなかったことは正解だったと言うほかない。そしてクルマの進化という部分でも、アピールできていなかったことに反省要素はあるものの、技術的な仕込みはしっかり行なわれていたと言っていい。

特に、これも岡部氏が話してくれたように、目が良い、頭が良いクルマはそれこそ中国でも、今すぐに実現はできるだろうが、そこに身体性能、要するに走って云々という部分を融合できるのは、それこそ乗り心地、走り心地にこだわってきた既存の自動車メーカーの大きな強みだ。きっちり活かすことができれば、戦うための武器は間違いなく、手元にある。

クルマ開発で本当に大切なこと

当たり前だが大事なのは、単にBEVにすることではない。BEVにすることで、どうするのか。その旨味をどうやって活かすかである。そのために必要なのはクルマ作りのグラウンドデザインとでも言うべきものだ。トヨタ自動車のCBO、サイモン・ハンフリーズ氏はまさにそのままのことを言っていた。

「大事なのは何のためにやるかということです。例えばデザインは、それを可能にするテクノロジーができるまで待っていてはいけない」

求められているのは、BEVならBEVというテクノロジーをうまく使ってクルマの新しい価値を提案していくこと。それは、テクノロジーが完成したのを待って、それをどう使うのか考えるのではなく、求める理想のために今、進化の過程にあるテクノロジーのレベルを引き上げて、現実化していくということであり、故に将来に向けたビジョンが重要になってくる。

「そこにデザインが貢献できる部分があります。早い段階で『こういうものが欲しい』を

〝見える化〟できる」

広い意味でのデザインによって具体的なかたちとされたビジョンをエンジニア、デザイナー、マーケティング等々あらゆる部署の人たちで共有する。衝突する部分があったとしても、目指すポイントが共有化されていれば、乗り越える方法は見つけやすくなる。そう考えれば、それこそ中国メーカーのBEVの宇宙船のようなデザインは、そのクルマが向かうべき進路を明確に定義づけるものだと言えるかもしれない。テクノロジー単品それぞれにはない意味が、物語性を帯びたものになっていく。

BYDとの合弁会社でCTOを務め、中国専売車「bZ3」の開発リーダーを務めた後に、トヨタ自動車のBEV専任組織、BEVファクトリーのプレジデントに就任した加藤武郎氏との立ち話の際に話されていたのは、彼の地のクルマ作りは、まさにそうした大部屋的な環境で行なわれていたそうだ。皆でワイワイやるという生ぬるいものではなく、その場で切磋琢磨しながらゴールに向かっていく。無論、その中で互いを認め合いリスペクトする気持ちも、より強いものになっていく。この辺りも、もしかすると中国メーカーの強さの秘訣なのかもしれない。

もっとも、そうした大部屋的なクルマ作りは今や日本でも色々なメーカーから聞こえてくるようになっている。個々の領域がいくら良いものになったとしても、それを組み合わせただけで良いクルマになるとは限らないのは自明のことだからだ。

新たなクルマの世紀を築き上げるために

歴史を振り返ってみると、まさしく20世紀はクルマの世紀だった。クルマの進化は、イコール人々の、社会の、自分の、幸せに繋がった。物流は便利になり、移動の自由は拡がり、経済も拡大した。つまりクルマは皆にとって「自分ゴト」だったのだ。

それがいつからか、おそらくは90年代に入った辺りから、特に先進国を中心に人々がクルマに対する興味を失い始める。実は、そんな変化の先陣を切ったのはバブル崩壊後の日本だった。最初の頃は「若者のクルマ離れ」などと言われ出したが、今考えてみれば、本当はそれは皆のクルマ離れだったのである。

数年前までは、ヨーロッパでそうした日本の状況について話すと、人がクルマへの興味を失うなんて信じられないと言われたものだ。しかし今、じわりと同じことが起こりつつある。都市生活者はクルマを手放しているし、ＢＥＶシフトを巡る一連の潮流に、もう面倒だからクルマはどうでもいいという気持ちになっている人も多いと、現地で聞いたこともある。単純な話、ＢＥＶに〝進化〟しても自分の幸せにちっとも繋がらないとなれば、もはや自分ゴトではなくなるというわけだ。

クルマを戦後急速に取り入れ、それこそ世界有数の自動車大国まで一気にのし上がったかと思えば、どこよりも早く、そして急激にその熱が冷めてしまった、ある意味でクルマを消費し尽くしてしまったのが、ここ日本である。それだけに中国、そして韓国などの背後から追い上げてきた、今もクルマに熱い国々と対峙するのが簡単ではないことは間違いないが、しかしそんな日本だからこそできることも、またあるはず。２０２３年の上海モーターショーは、それを改めて気づかせる良い契機になった。いや、そうしなければいけない、と言うべきかもしれない。

繰り返しになるが、求められているのは単にパワートレインを内燃エンジンから電気モーターとバッテリーに置き換えることではない。今はまだＢＥＶについて語る時には充電時間、航続距離、インフラ等々の話が真っ先に出てくるが、今後クルマは進化していくし、インフラも整備されていく。クルマとの付き合い方、ライフスタイルだって変化していくはずで、要するにそれらは遠からず大した問題ではなくなってくるだろう。

語るべきは、知恵を絞るべきは、ＢＥＶをはじめとする新しいテクノロジーによってクルマをどう進化させていくかというビジョンでありストーリーである。それが結果として、再びクルマを人の生活を豊かにする存在へと回帰させることに繋がれば、すでに4分の1が過ぎようとしている21世紀を、ここから新たなクルマの世紀にしていくことができるはずだ。日本の自動車メーカーは、そして日本自動車工業会曰く５５０万人にも上るという自動車業界は間違いなく、それをリードしていけるだけの力を持っている。

憤りを感じるというか、あきれてしまうというか、とにかく大手メディアの論調の急展開、あるいは掌返しには驚くばかりである。ＢＥＶシフトを巡る報道は、ここに来て、まるで真逆のことを言い始めている。

冒頭に書いた通り、これまで頑なに、内燃エンジンを動力源としてきた自動車の時代は終わり、ＢＥＶシフトが世界の潮流となりつつあるのに、日本は内燃エンジン車、ハイブリッド車などに固執し、世界に置いていかれつつあると言い続けてきたのに、年が明けた辺りから急に、世界的にＢＥＶ販売は伸び悩んでいて、各メーカーとも計画の見直しに入っている。しばらくはＰＨＥＶ、ハイブリッドが主流となっていくのではないか、などと言い始めたのだ。彼らの言う世界の潮流はどこへ行ったのか。ハイブリッドは古い技術への固執ではなかったのか？

ここまで記してきたように、そもそもそんな急激なＢＥＶへの転換は無理筋だった。丁寧に取材し、考察していれば、それは自明だったはずだが、例えば、ヨーロッパの有力メーカーのトップが言ったことをそのまま記事にするだけの取材では、そこには行き着かないのも無理はない。社会が、世間が、どうなっているのか。実際にクルマに乗り、使うという目線も本来は不可欠なはず。もっとも、よくある日本貶（けな）しがそもそもの狙いだったならば、何を言っても無駄かもしれない。

ともあれ、自動車に関する大手マスメディアの報道は、まったくあてにならないと言うしかない。世間的には自分もそちら側の人間だろうということを忘れたわけではないが、ここ数年のＢＥＶシフトを巡る報道には、そう嘆かされることが多かった。しかも、そうしたメディアの声は大きいだけに、私のような自動車を専門とするジャーナリストにとっては、その状況はとても歯がゆいものがあったというのが正直なところである。

トヨタが、オウンドメディアとして「トヨタイムズ」を立ち上げた理由も、同じようなところにあったに違いない。それはそれで、自分の力のなさを痛感させられることでもあったのは事実だけれど。

自動車というものは、他に類を見ないほどの多様な論点から語ることができる対象である。ＢＥＶシフト的な観点で語られる時には、地球環境問題だったり経済的な覇権争いといった部分が大きくフィーチャーされるが、一方で自動車はとてもパーソナルな存在でもある。性能や使い勝手、あるいはデザインや走りの味だって論点となる。いや、実際のユーザーにとっては、むしろこちらこそが、こちらだけが重要だろう。

そして、後者のこの文脈で語られる際には自動車は、自動車ではなくクルマになる。愛車という言葉のように、感情移入する対象になる。数多ある工業製品の中で唯一、「愛」をつけたくなる存在が自動車だという、トヨタ自動車の豊田章男会長の言葉通りで、その視点を抜きにして自動車を、あるいはクルマを、論じるのは本来は不可能なはずだ。

よって、いくらBEVが性能的に、論理的に、優れたものだったとしても、それが即ち「クルマとして」優れたものかと言えば、それはまた別の話になる。エモーショナルな部分に訴えかける喜びがあるかないかといった話も当然絡んでくるだろう。

愛車というほど感情移入していなかったとしても、使い勝手は皆にとって重要だ。BEVで普及のための大きな壁として挙げられるのは、航続距離と充電所要時間である。前章の最後に、これについては徐々に問題ではなくなっていくだろうと書いたが、外部充電が必要な限り、それが少なからぬ人にとってBEVを遠ざける理由になることも、また事実だろう。自分自身に照らし合わせてもそう。3分で満タンになり800㎞走るディーゼルエンジン車に乗っていたら、仮に15分で500㎞まで充電時間が短縮されても、乗り換えるのにはハードルになる。どこまで時間短縮ができれば、人々のそうした意識が雪解けとなるのかは、そうなってみるまでは分からない。

別の例を出そう。郊外、地方で使われている軽自動車は、BEVへと容易に置き換えられるはずだと、よく言われる。近年、ガソリンスタンドの廃業が相次ぎ、燃料補給が厄介になりつつあるが、大抵は自宅駐車場に停めてあるためガレージに普通充電器を付ければ、より容易に使うことができる。そもそも使用範囲は自宅から数㎞圏内が主で、長距離を走る機会は滅多にないとなればBEVのデメリットはほぼ露呈しないから、というわけだ。

しかし生活習慣を変えるのは、そんなに簡単なことではない。ロジカルに考えればメリットだらけと言われても、何やら得体の知れないものに乗り換えるよりも、今のままでいい。人とは、案外そういうものではないだろうか。

BEVの普及を後押しする高い性能とは、航続距離や充電所要時間だけでなく、そういうユーザーの視点も含めたものでなければならない。何しろ多くの人にとって自動車とはクルマであり、愛車なのだ。それは世界のどこに行っても変わらないはずである。

もしかすると、BEVの普及を強力に後押しすることができるのが、最終章で記したクルマ2・0と呼ぶべき要素かもしれない。今後、クルマは間違いなく今のそれとは違った価値を持っていくことになる。それこそ「居心地」が良い空間として進化していくはずだ。

車内はクルマとしてというよりはひとつの空間として快適さを増してくる。インフォテインメントシステムが進化し、コネクテッド化も進んでいくだろう。特にOTAだったりSDVだったりという言葉が関係してくる、この「繋がる」という要素は、利便性を大幅に高めることに繋がるに違いない。

それこそ、スマートフォンとの連携が進んでいけば、とりあえず買っておこうというくらいのものになるだろうか。うまい喩えではないかもしれないが、今どきテレビを買おうとしたならば、Amazon や Netflix、hulu などの視聴ができないものは選ばないだろう、くらいな感覚に於ける話だ。

しかも、アフィーラで聞いた話のように、主に電動化を伴うクルマの進化は、旧来のクルマ好き、要するに運転が好き、あるいはハードウェアやメカニズムにも興味があるというような人たちにも十分響くものとなり得る。まさしく「愛車」的なクルマの一面を、増幅させるものとなり得る。

「はじめに」で、ＢＥＶシフトについてはふたつの観点から論じられなければならないと書いた。しかしながら同時にそれは、どうやら表裏一体、不可分のものだということが、おぼろげながら見えてきた。

何度も念押ししてきたように、私は将来クルマがすべてＢＥＶになればいいとは考えていない。内燃エンジン車の楽しさ、喜びを捨てられないからというのも否定しないが、理由はそれだけじゃない。それを言うならＢＥＶにもＦＣＥＶにも、また別の嬉しさがあることは十分知っている。内燃エンジンに固執しなくても、クルマは楽しいということは。

例えば、ここまであまり触れてこなかったが、大型トラックについて考えれば、これをすべてＢＥＶに置き換えると考えるのは、あまりに強引過ぎるというものだろう。長距離を走り、しかもできる限りの荷室スペースを稼ぎたいのに、現状のバッテリーは長い充電時間を要するし、場所も食う。実際に大型トラックを運用していて、あるいは運転していて、これをＢＥＶに置き換えたいと考えている人、果たして居るだろうか？

ここで活きるのは、やはり水素だろう。燃料電池でもいいし水素エンジンでもいい。最近、天然水素が話題になっている。すぐにとは行かないかもしれないが、将来的にこれも使えるとするならば、水素というエネルギーの有用度は大型トラックに、あるいは自動車にすらとどまらないかもしれない。

乗用車も、プレミアムカーや軽自動車のようなクルマについてはＢＥＶ化が、それでもじわじわと進んでいくだろう。しかし一方で、その両車の中間に位置するクルマについては当面、世界的にもハイブリッド車が更にシェアを伸ばしていくだろうし、案外最適解はＰＨＥＶになるのではないかと思っている。

レクサスＬＦ－ＺＣは、まず航続距離１０００㎞を目指すと書いたが、市場がその次の段階に入った時にそれが５００㎞でいいとなれば、空間的にも重量的にも余裕ができる。そこに、トヨタが開発中と噂の超小型４気筒エンジンが収まるならば……と、勝手に想像を逞しくしているところである。マンション住まいで自宅に充電設備が付く可能性のない私にとっては、それがクルマ2・0的な世界を享受しながら、実際に不自由なく使うことのできる、クルマの最適解になりそうなのだ。

そう言いながら、ホンダ０シリーズにも期待している。あのデザインはきっと街の景色を一変させるはず。自分が乗っている姿を想像すると、これまた胸が高鳴る。まだ隠し玉がありそうなインフォテインメントシステムも、早く現物を見てみたい。

そしてアフィーラ。ちらっと話してくださったその走りが一体どんなものなのかは、やはり興味をそそられる。ホンダはもちろんソニーというブランドへの憧れも……。

これらのＢＥＶは決して自分の生活とのマッチングは良くない。しかし、そういう人でも欲しいと思わせるクルマが出てきたならば、それもまたＢＥＶ普及を進めることになるだろう。それこそ登場当時のテスラ モデルＳがそうだったように。

そして期待を込めて言えば、日産からも何らかの提案があればと願っている。内燃エンジンで発電して、駆動は完全に電気モーターで行なうe－パワーの走りの魅力を活かした、ＰＨＥＶのようなものがあってもいいのではないか。ＢＥＶとe－パワーの中間形態というわけだが、現実的な需要は結構あると思うのだが。

一方で、ちょっと心配なのがドイツをはじめとするヨーロッパの自動車メーカーの今後である。第3章に書いたように、ほぼすべてのメーカーが既存のバッテリー技術に、工場を含め多大な投資を行なってしまっている。もしもトヨタの中嶋副社長の言う通りにコトが進むならば、性能的に見劣りするバッテリーをまだしばらく、投資を回収しきるまで使い続けなければいけないという事態も起こり得る。

しかも、近頃言われるＢＥＶ需要の低迷に対応して、やはり内燃エンジン車も延命させる、いやそれどころか同様に力を入れてクルマ作りをしていかなければならないとしたら、そちらにも新たな投資が必要になる。一旦はやめると決めた内燃エンジンの技術開発を再開し、ＢＥＶ用プラットフォームしか用意がなければ、新たに内燃エンジンにも対応した車体を生み出さなければならない。

つまり今後、苦しい二正面作戦を強いられる可能性が高いのがヨーロッパの自動車メーカーである。しかも、いずれもブランドがなまじ強力なだけに、そしてそれに対する自負も大きいだけに、いきなり上海モーターショーで驚かせた中国メーカーのクルマたちのような、あるいはＬＦ－ＺＣや０シリーズのような、大胆に未来を先取ったようなクルマを作るのだって、簡単ではないだろう。

いや、内燃エンジン車のフラッグシップであるＳクラスとはまったく違った文脈の、未来感や先進感を余さず盛り込んだラグジュアリー性を具現化したＥＱＳを作り出したメルセデス・ベンツなら可能かもしれない。新型がＢＥＶのみとなったポルシェ マカンはこの先どうするのだろうか。そんな風に、クルマ好きとしてはドイツ車はやはり目が離せない存在なのだが、今は若干、その将来を心配する目線になっている。

もちろん、残酷ではあるがそれは日本の自動車メーカーにとって間違いなくチャンスである。ここまで記してきたように、クルマとしては決して乗り遅れてはいないと言っていい。課題はやはりスピード感とアピール力。それは決して広報やマーケティングの領域だけの話ではなく、それらが一体となって戦わなければならないという理解は、クルマを実際に開発する側にも、経営トップにも必須だ。クルマ2・0の時代は、そうしたコミュニケーションの戦いにもなる。

そして、そうした情報をしっかりと咀嚼して、正しい判断の助けとなるべく皆さんにお届けしたいというのが、ここまでこの本を記してきて私自身、改めて感じていることである。雑誌やウェブサイト、そして運営するYouTubeチャンネル「RIDE NOW」をフォローしていただければ嬉しいし、求められればどこにでも話をしに行くつもりだ。あるいは、また新しい書籍でお会いすることもあるかもしれない。

様々な現場で取材に協力してくださったすべての皆さん、そして執筆の機会をもたらしてくれた星海社の皆さん、ありがとうございました。

クルマの未来で日本はどう戦うのか？

二〇二四年 五 月二〇日 第 一 刷発行

著者 島下泰久

発行者 太田克史
編集担当 栗田真希

アートディレクター 吉岡秀典（セプテンバーカウボーイ）
デザイナー 山田知子＋チコルズ
フォントディレクター 紺野慎一
校閲 鷗来堂

発行所 株式会社星海社
〒一一二-〇〇一三
東京都文京区音羽一-一七-一四 音羽YKビル四階
電話 〇三-六九〇二-一七三〇
FAX 〇三-六九〇二-一七三一
https://www.seikaisha.co.jp

発売元 株式会社講談社
〒一一二-八〇〇一
東京都文京区音羽二-一二-二一
（販売）〇三-五三九五-五八一七
（業務）〇三-五三九五-三六一五

印刷所 TOPPAN株式会社
製本所 株式会社国宝社

ISBN978-4-06-535740-8
Printed in Japan

295
SEIKAISHA SHINSHO

251

電力危機

私たちはいつまで高い電気代を払い続けるのか？

宇佐美典也

現在の電力危機と電力の未来を、百年超の電力産業史と最新のデータで徹底解明！

現在、日本の電力事情は危機的状況にある。エネルギー不足を受けて電気代はかつてなく高騰し、電力不足を告げる警報も一度ならず発出されている。日本経済の未来に大きな影響を及ぼしかねないこの惨状は、２０１１年の東日本大震災以降、具体的なビジョンなきままに進められた日本の電力改革が行き着いた必然の結果である。本書では、１世紀以上にわたり発展してきた電力産業の現在までの歩みを概観し、日本が今後直面する危機の実情を明らかにするとともに、エネルギー業界の第一線でコンサルティングを行う著者が実地で練り上げた、今こそ日本が取るべきエネルギー戦略を提案する。

290

投資信託業界歴30年の父親が娘とその夫に伝える 資産形成の本音の話

今福啓之

投資信託と資産形成の本質的リテラシーを学ぼう

この本は投資信託業界に30年以上勤める57歳の私が、20代の2人の娘とそれぞれの夫に伝えたい資産形成の大事な考え方と知識を、1冊に凝縮したものです。語り口は本当に娘に語るように柔らかくしました。資産形成やＮＩＳＡに興味を持っている方は是非この本を読んで、投資信託について、時間が経っても古びない包括的で体系的なリテラシーを身につけていただけると嬉しいです。娘と夫と皆さんに幸せな人生を楽しみ尽くしてもらうため、自分自身で納得してお金の人生設計をしてもらいたいという思いで伝えていきます。どうぞお付き合いのほど。

291

日本再発見

駐日ジョージア大使　ティムラズ・レジャバ

超「日本通」大使が語る、日本人の知らない日本

「日本にはこんなに多くの美点が眠っているのに、他ならぬ日本人がその価値を見過ごしている」――日本文化への深い洞察で人気を集めるティムラズ・レジャバ駐日ジョージア大使に、日本への思いの丈を語り尽くしていただいたのが本書です。外交官だからこそ垣間見える、私たちの知らない皇室の一面、国際的に見て特異な発展を遂げた日本の食文化、ローカルな街に隠された驚くほど複雑な歴史など、日本人は当たり前だと思っている、しかし世界から見るとユニークでおもしろい「日本らしさ」は数多く眠っています。さあ、ジョージア生まれ日本育ちのレジャバ大使と、日本の魅力を再発見していきましょう。

次世代による次世代のための

武器としての教養
星海社新書

星海社新書は、困難な時代にあっても前向きに自分の人生を切り開いていこうとする次世代の人間に向けて、ここに創刊いたします。本の力を思いきり信じて、**みなさんと一緒に新しい時代の新しい価値観を創っていきたい。若い力で、世界を変えていきたいのです。**

本には、その力があります。読者であるあなたが、そこから何かを読み取り、それを自らの血肉にすることができれば、一冊の本の存在によって、あなたの人生は一瞬にして変わってしまうでしょう。**思考が変われば行動が変わり、行動が変われば生き方が変わります。**著者をはじめ、本作りに関わる多くの人の想いがそのまま形となった、文化的遺伝子としての本には、大げさではなく、それだけの力が宿っていると思うのです。

沈下していく地盤の上で、他のみんなと一緒に身動きが取れないまま、大きな穴へと落ちていくのか？　それとも、重力に逆らって立ち上がり、前を向いて最前線で戦っていくことを選ぶのか？

星海社新書の目的は、**戦うことを選んだ次世代の仲間たちに「武器としての教養」をくばることです。**知的好奇心を満たすだけでなく、自らの力で未来を切り開いていくための〝武器〟としても使える知のかたちを、シリーズとしてまとめていきたいと思います。

2011年9月

星海社新書初代編集長　柿内芳文